KB140827

사서 엄마가 알려주는

집콕 책육아

✧ 엄마가 온전히 줄 수 있는 최고의 유산 ✧

사서 엄마가 알려주는 집콕 책육아

이승연 지음

예문아카이브

눈물 나게 고마운 말, "엄마 책 읽어줘!"

"언니, 난 진짜 육아 체질 아니야."

"야, 나도 그래. 근데 애가 둘이면 어떻게 일해? 못하지. 누가 옆에서 봐주는 거 아니면 애 둘 키우면서 회사 다니는 거 너무 힘들어."

충격이었다. 평소 일하는 모습이 멋있어서 롤 모델로 생각했던 언니가 둘째가 생기고 나더니 회사를 그만두기로 했단다. 언니와 만나 얘기하면서 비로소 알았다. 아이 하나 키우는 것도 어려운데 둘은 그 두 배가 아니라 네 배 이상으로 힘들다는 걸. 매일 야근으로 새벽에 집에 오는 남편과 아이 둘을 키운다고 상상해보니 고개가 절레절레 흔들어졌다. 유치원에 들어가서도 어린이집 다닐 때와 다름없이 1등으로 등원, 꼴찌로 하원 하는 아이가 우리 첫째였다. 남편과 내 출장이 겹치거나, 아이가 아프기라도 하면 부산에서 서울까지 시어머니께서 올라오셔서 아이를 봐주시기도 했다. 아이는 하나였지만 일을 하면서 하루하루 노심초사해야 했고 매일매일 뜀박질하는 것처럼 숨이 가빴다. 와, 지금도 이런데 애가 둘이라면…? 상상조차 하기 어려웠다.

"몇 살 차이야? 다섯 살 터울이면 좀 차이가 나긴 한다."
"이제 좀 편해졌는데 다시 또 시작이네? 힘들어서 어떡해."
내가 둘째를 가졌을 때 주변에서는 축하만큼이나 걱정도 많이 했다. 나 역시 그랬다. 평소에도 걱정을 사서 하는 내 성격에 애를 낳기도 전에 둘째를 어디에 맡겨야 할지, 첫째가 초등학교에 들어가면 어떻게 애 둘을 등 하원 시켜야 할지, 둘이 나이 차이가 많이 나는데 어떻게 놀아줘야 할지…. 미리 염려하며 끙끙거렸다.

"닥치면 다하게 돼 있어."
걱정 투성인 나와 달리 남편은 대수롭지 않게 말했다. 섭섭하게 들리긴 했지만, 그 말도 맞았다. 아직 일어나지도 않은 먼일이었다. 1년도 훨씬 뒤의 일을 벌써 고민해봤자 답은 없었다. 그래. 쫄지 마, 닥치면 다한다. 첫째도 낳느라 고생하고, 키우면서도 아등바등하던 게 바로 어제 일 같은데 벌써 여섯 살이다. 늘 아무것도 해주지 못한 것 같아 미안하고 걱정됐지만, 그런대로 잘 자라주지 않았나!

둘째를 임신했을 때는 첫째 때보다 입덧도 덜하고 직장 일도 할 만했지만, 나이가 있다 보니 체력이 문제였다.

"엄마 자지 마, 눈 떠. 엄마! 또 자?"

집에만 오면 왜 그렇게 졸린지 첫째와 잠깐이라도 놀아주다 보면 꾸벅꾸벅 졸기 일쑤였다.

"엄마 많이 졸려? 그럼 잠깐 자게 해줄까? 뒤에는 내가 혼자 한번 읽어보든지 할게."

책을 읽어주다가 나도 모르게 잠꼬대라도 하면 첫째는 그런 내가 웃기기도 하고 딱하기도 했는지 후하게 인심을 썼다. 엄마를 재운 아이는 혼자서 책을 읽는 척 하거나 진짜로 읽기도 했는데, 그 모습이 귀여워서 몰래 사진을 찍으며 아이를 훔쳐보기도 했다. 아이는 쇼파 옆 구석진 자기만의 비밀 공간으로 가서 인형들을 눕혀놓고 책을 읽어주었다. 어떤 날은 이불을 턱 밑까지 푹 끌어올려 책을 소리 내서 읽기도 하고, 내 무릎에 머리를 베고 책을 읽다 잠들기도 했다.

자기 전에 누워서 아까 찍었던 아이 사진을 다시 보면 만감이 교차했다. 언제 이렇게 커서 혼자 책도 읽고 엄마를 이해해주려는 마음을 갖게 되었을까. 더 실컷 놀고 마음껏 떼도 부려야 하는 시기에 동생 때문에 첫째가 너무 많은 걸 희생하게 되는 건 아닐까 걱정도 들었다.

"엄마 책 읽어줘."

"엄마 지금 동생 재워야 해서 안 되겠는데."

"알겠어. 그럼 있다가 꼭 읽어줘!"

둘째가 태어나고 아직 신생아인 둘째를 돌보느라 버겁고 정신이 없을 때도 첫째는 여전히 책을 읽어달라고 했다. 사실 책을 읽어줄 수 있는 여유가 있어도 쉬고 싶어서 둘째 핑계를 댈 때도 있었다. 그럴 때도 첫째는 포기하는 법이 없었다. 책을 읽어주겠노라 약속해놓고는 밥 먹고 집 치우느라 까맣게 잊어버렸을 때도 슬그머니 다가와 읽어주기로 했던 책을 내밀곤 했다.

어쩌다 보니 두 아이의 엄마가 되었다. 정신 차려보니 난 절대 못 한다고 했던 두 아이의 워킹맘이 되어 있었다. 오랜만에 다시 육아를 시작하느라, 신생아를 키우느라 첫째의 마음을 헤아려주지 못했다. 첫째의 투정이나 요구 사항을 엄마라는 이름으로, 어른이라는 이유로 설명하고 다그치려고만 했다. 그게 스트레스였을까. 아이가 새벽에 일어나 한 시간씩 울다가 잠드는 날이 몇 달간 이어졌다. 밤마다 못 자 예민해진 나는 아이에게 화를 내고 괴물처럼 소리를 질렀다. 그럼에도 한참을 울고 난 아이는 늘 먼저 다가와 줬다.

"이제 잘게. 엄마 책 읽어줘."

눈물을 추스르며 하는 말에 아이의 온 마음이 느껴져 이번엔 내 눈시울도 촉촉해졌다. 너무나 평범한 그 말 한마디가 세상에서 가장 고마운 말로 바뀌는 순간이었다.

그 집 아이는 책 많이 봐서 좋으시겠어요

도서관 사서라고 했을 때 많은 사람들은 이렇게 말한다.

"사서이신 거예요? 우와 책 많이 보시겠어요."

"애들도 책 많이 보여주시겠네요? 좋으시겠어요."

도서관에서 일하면 책에 대한 정보를 많이 얻는 건 사실이다. 하지만 책 볼 시간은 없다. 책보다는 책 표지를 많이 본다는 게 더 정확한 표현이라 할 수 있겠다. 집에서는 또 어떤가. 내가 사서라서 우리 아이들이 책을 많이 읽을까?

출근하면 한 사람이라도 더 도서관에 발걸음 하도록 책 구입에 대한 고민을 계속한다. 주말에도 출근해 많은 사람이 책과 더 친해지도록 독서 프로그램이나 행사를 운영하기도 한다. 그런데 정작 내 아이에게는 소홀한 엄마였다. 열 권이 넘는 책을 읽어달라고 들고 오는 아이에게 세 권 이상은 안 된다고 다그칠 때도 있었고, 휴식 시간을 벌기 위해 5분 읽어주고는 한 시간 동안 그림을 그려보자고 할 때도 많았다. 그래도 다행인 건 평소 가리는 거 없던 아이는 다행히 책에도 크게 거부감이 없었다. 아이는 엄마가 밥숟가락에 골고루 올려주는 반찬처럼 내가 빌려오는 책을 쏙쏙 잘도 받아먹었다. 내 손에 도서관 가방이 하나 더 있는 날에는 하원하는 아이가 한껏 더 귀엽고 발랄하게 물어본다.

"엄마, 오늘은 무슨 책 빌려왔쪄요?"

집으로 걸어가는 도중에도 뭐가 그리 궁금한지 안 그래도 무거운 가방을 벌려서 이리저리 뒤져보고, 횡단보도 한복판에서도 꺼내 보고 싶어서 안달이다.

"엄마 빨리 집에 가자. 복숭아나무 이 책 진짜 예쁘다. 내가 좋아하는 거야."

『린할머니의 복숭아나무』라는 그림책을 보고는 단지 책 표지가 핑크라는 이유만으로 좋아하는 딸. 사람들이 빌려 가고 남은 책들을 대충 한번 쓱 훑어보고 빌려다 주는 게 다지만 아이는 늘 내가 빌려주는 책 꾸러미를 선물처럼 기다리고 좋아해줬다.

나는 아이 덕분에 매일 책을 읽어주는 엄마가 될 수 있었다. 우리 아이가 책을 좋아하는 아이로 자랄 수 있었던 건 내가 사서 엄마여서가 아니었다. 엄마와 함께 있는 시간을 가장 좋아하는 보통의 아이가 내 앞에 있었기 때문이었다. 아이의 반응 때문에 좋은 책을 더 보여주고 싶은 마음을 키웠고, 육아를 계속해나갈 힘을 얻었다. 기저귀 가는 것조차 어려워서 쩔쩔매던 초보 엄마가 이제는 수챗구멍 속 똥 덩이쯤이야 맨손으로 건지는 엄마가 되었다. 어지럽게 굴러다니는 레고 조각, 퍼즐 조각 하나에도 화가 나던 나는, 이제 아이들과 책 무덤을 만들었다가 파헤치며 마음껏 뒹구는 시간이 제일 마음 편하다.

아이에게 책을 읽어주는 일은 밥상 차리기와 같다. 실컷 열심히 차렸는데 아이들이 안 먹으면 화가 나지만 그렇다고 계속 굶길 수는 없듯, 정성껏 읽어주는 책에 시큰둥한 아이의 반응에 힘이 빠진다고 아예 책을 치워버릴 수는 없는 노릇이다. 아이의 건강을 생각해 좋은 재료를 고르고, 우리 아이 입맛에 맞게 반찬을 만드는 일, 갓 지은 따뜻한 밥을 바로 해서 먹이는 건 참으로 수고로운 일이다. 하지만 밥그릇 싹싹 비우며 잘 먹는 아이 모습은 보기만 해도 배부르다. 그런 마음으로 아이가 잘 자라는데 좋은 책, 우리 아이가 좋아할 만한 책을 고르고 또 골라 함께 신나게 읽는 배부른 날들을 꿈꾼다.

책을 쓰겠다고 마음먹고 실제로 책을 내기까지 일 년이 넘는 시간이 걸렸다. 그간의 시간은 책육아라는 말조차 잘 모른 채 평범하게 책 읽기를 해온 내가 책을 써도 될까 하는 자기 검열의 시간이었다. 사서 엄마라는 수식어가 자칫 전국에서 사서로 일하는 엄마들을 대변하는 것처럼 보일까 걱정되기도 했다. 하지만 평소에 거리가 먼 전문가의 어려운 이야기보다 나와 비슷한 사람들의 조언이 더 유용할 때가 많았음을 떠올리며 용기를 냈다.

이 책은 '우리 애는 도대체 책을 안보는데 뭘 어떻게 해야 돼?'라고 걱정하던 지인의 한 질문에서 시작되었다. 그저 단 한 사람에게라도 도움이 되면 좋겠다는 마음으로 한 장 한 장 적다 보니 한 권의 책이 되었다. 물론 육아에는 정답이 없고 백이면 백 아이마다 기질이나 성격이 다르기 때문에 이 책의 내용 역시 정답은 아닐 것이다. 우리 아이에게 필요한 부분을 적용하고 참고할 수 있다면 그것만으로도 이 책이 제 역할을 제대로 한 것이리라.

특히 책육아의 시작선에 선 분들이 너무 힘들이지 않았으면 하는 마음과 응원을 힘껏 담았다. 가만히 있어도 힘든 육아에 책을 읽어주는 일이 더하기가 아닌 빼기가 되기를 바라며, 아이와 책을 고르고 읽는 것이 어려운 과제나 고민이 아닌 자연스러운 일상이 되면 좋겠다. 그래서 우리 엄마들이 조금 더 편해지기를 바란다.

언제 어디서든 책을 자유롭게 펼쳐 읽고, 책과 보내는 시간을 즐기는 아이들과 부대끼며 비로소 알게 되었다. 엄마가 더 무엇을 해보려는 욕심을 내지 않고 느슨한 마음을 가졌을 때 우리 아이들이 오히려 자기 방향을 더 잘 찾아간다는 것을. 그러니 지금 이 책을 펼친 그대가 너무 애쓰지 말기를, 너무 힘들지 말기를 바란다. 당신은 이미 그대로도 충분히 멋진 엄마니까. 나에게로 와준 소중한 우리 아이와의 행복한 시간을 마음껏 누리기 바란다. 지금 여기, 우리 집에서, 가장 편안하고, 쉽게, 우리만의 방식으로.

유년 시절의 기억은 힘이 세다. 어렸을 때 나와 동생은 아빠가 회사에서 가져다주는 이면지 뭉치를 늘 기다렸다. 그게 문방구에서 파는 공책보다 나을 리 없지만, 아빠의 채취가 베인 것만 같아 좋았다. 우리 아이들에게도 내 손때가 묻고 내 냄새가 베인 책들을 남겨주고 싶다. 나중에 아이가 훌쩍 커서 어린 시절을 궁금해 할 때, 지금 읽어주었던 책을 다시 읽어주며 이야기를 들려주고 싶다는 생각을 해본다. 그때의 너는 어땠고 어떻게 말을 했으며 어떻게 웃었는지, 그때가 어느 계절이었고 우리 집의 공기는 어땠는지 말이다. 그러기 위해 아이와 책을 읽는 오늘의 행복한 시간을 잊지 않으려 노력한다. 책을 읽어주고 나서 어떤 결과를 얻을까 계산하지 않고, 그저 재미나게 책을 읽는 이 순간을 새기기 위해서 오늘도 아이와 책을 읽는다.

책에 에필로그는 쓰지 않았다. 이 책을 읽은 분들이 기꺼이 아이와 책 읽기를 시작해볼 용기가 생겼다거나, 아이와 더 다양한 책 읽기를 하게 되었다는 이야기들을 꺼내어 들려준다면 비로소 책의 에필로그가 완성되는 셈일 것이다.

포기하려 할 때마다 용기를 불어넣어 주신 정경미 작가님과 이 책이 나올 수 있게 응원해준 많은 분들, 흩어져 있던 글들을 한 권의 책으로 엮어준 예문아카이브 출판사 여러분들께 고마움을 표한다. 책을 함께 쓴 것이나 다름없는 두 딸 애지, 송현과 우리 셋이 노는 장면을 카메라 렌즈에 고스란히 담아준 남편에게도 고마움을 전한다.

차례

Chapter 01

책을 좋아하는 아이로 키우고 싶다면

Chapter 02
두근두근 아이도 엄마도 함께 성장하는 책육아

Chapter 03
준비도 1분, 치우는데도 1분 집콕 책 놀이

Chapter 04

책육아, 힘 빼고 적당히 해도 괜찮아

책을 좋아하는 아이로 키우고 싶은 건 아마 모든 부모의 바람일 것이다. 오죽하면 독서 교육이라는 말 대신 책육아라는 말이 생겨났을까. 모든 육아에는 정답이 없다지만 책육아 역시 확신을 가지고 하는 경우보다 정답과 방법을 찾아 고민하거나, 시작부터 어려워하는 경우가 더 많다. 책육아는 엄청난 돈과 시간, 노력이 필요하다고 오해하는 경우가 많기 때문이다. 하지만 막상 해보면 이렇게 쉽고 간단한 육아가 없다.

이 장에서는 책육아를 시작하려고 하거나 책육아의 여정 중에서 고군분투하는 엄마들에게 내가 왜 책육아를 시작하게 되었는지, 어떻게 시작하면 좋을지에 대한 이야기를 해보고자 한다.

Chapter 1

책을 좋아하는

아이로

키우고 싶다면

육아 체질이 아닌 내가
책육아를 하게 된 진짜 이유

01

책 말고 더 좋은 게 있다면 알려주세요

말 없는 엄마는 아이와 놀아주는 게 버겁다

아이를 출산하고 고군분투하는 사이 100일이라는 시간이 지났다. 백일의 기적은 찾아오지 않았고, 여전히 말 한마디 통하지 않는 아이와 내가 뭘 하면서 하루를 보낼까 하는 생각에 막막하기만 했다. '쉬면서 아이랑 둘이 오붓이 있을 수 있으니 얼마나 좋아요.'라는 사람들의 말은 위로는커녕 내가 진짜 육아 체질이 아니라는 걸 다시금 확인시켜주었다. 원래도 말이 많은 편이 아닌 나는 아이 앞에서 자주 말문이 막혔다. '수다쟁이 엄마가 되어보자!'고 결심했지만 몇 마디면 밑천이 드러났다. 종일 아이와 단둘이 있는 날은 좀처럼 시곗바늘이 움직일 생각을 하지 않았다.

이 좋은 게 있다니! 장난감 의존 엄마가 되다

아이가 6개월 정도 되니 갖고 놀 수 있는 장난감이 꽤 많았다. 어떻게 놀아줘야 할지 모르는 초보 엄마의 불안감을 장난감으로 채웠다. 장난감 하나를 주면 아이는 혼자서도 잘 놀았지만 그 시간이 길지는 않았다. 장난감 한두 개로는 안 되겠다 싶어 국민 장난감이라 불리는 건 모두 샀고, 주변에서 주는 장난감을 다 받아다가 계속 바꿔가며 놀게 했다.

'아니 이렇게 좋은 게 있다니!' 엄마도 안 찾고 재밌게 잘 노는 아이를 보며 장난감 욕심은 더욱 늘어만 갔다. 장난감을 빌려준다는 육아종합지원센터까지 가입해 더 적극적으로 아이의 놀잇감을 늘려갔다. 어미 새가 아기 새에게 벌레를 물어주듯 장난감을 물어오며 아이가 또 얼마나 좋아할까 상상하는 것만으로도 뿌듯했다. 하지만 아이의 집중력은 한계가 있었다. 장난감을 가지고 놀다가도 결국에는 엄마를 찾았다. 이제 뭘 해야 하지? 아이와 어떻게 시간을 보내야 할지 모르는 초보 엄마는 또다시 막막해졌다.

어쩌다 보니 장난감 대신 그림책

센터에 장난감을 늦게 가져다주는 바람에 다른 걸 빌려올 수 없던 날이었다. 새로운 장난감이 없으니 아이에게 무슨 말이라도 해주려고 출산 선물로 받은 그림책『아기가 아장아장 _{권사우/길벗어린이}』을 읽어주었다.

'아기가 파란 신발을 신었네, 밖에 나갈래?' 하고 쓰인 책의 문장을 보고 "우리 아기 흰 양말 신었네, 밖에 나갈까?" 하고 바꿔서 말해보았다. 『사과가 쿵! _{다다 히로시/보림}』 책을 읽어주면서는 '수박공이 쿵!', '우리 아기 기저귀가 쿵!' 하고 바꿔서 말해보기도 했다. 그랬더니 아이는 별말 안 했는데도 뭐가 웃긴지 까르르까르르 소리 내어 웃는 게 아닌가! 그러고서는 '엄마 한 번 더 읽어주세요!'라고 말하기라도 하듯 나를 빤히 쳐다보며 기다리고 있었다. 그런 귀여운 아이의 모습이 계속 보고 싶었고, 자꾸자꾸 웃게 해주고 싶었다.

그게 시작이었다. 장난감 대신 아이가 무슨 책을 좋아할까를 생각하며 시야를 돌리니 세상에는 장난감만큼이나 더 장난감 같은 책이 많았고, 그림이나 사운드가 예뻐서 얼핏 보기에도 호기심이 가는 책도 많았다. 그동안 도서관에서 봤던 책이 전부가 아니었다. 책을 탐색하며 하나하나 아이에게 보여주기 시작했다. 둘이 있으면 시계만 보던 과묵한 엄마는 어느새 책을 읽어주는 수다쟁이 엄마로 조금씩 변하고 있었다. 소리가 예뻐서 자장가 책으로 골랐던 '어스본 사운드북'은 아이가 낮이고 밤이고 눌러보는 애정템이 되었고,『뒹굴뒹굴 짝짝 _{백연희, 주}

경호/길벗어린이』, 『손뼉을 짝짝짝! 이성아/키다리』 같은 보드북 두 권이면 30분이 훌쩍 지나갔다.

그때는 몰랐지만, 지금은 알 수 있는 것

첫째 때의 시행착오로 둘째를 낳고는 장난감을 사지 않았다. 아이가 둘이다 보니 첫째 때처럼 열정에 불타올라 놀아줄 여유와 체력도 없거니와 경제적인 부담도 무시할 수는 없었다. 아이에 대한 온전한 투자는 첫째 때와 비교도 할 수 없게 줄어들었지만, 아이와 놀아줄 수 있는 마음의 공간은 훨씬 커졌다. 이제 그 공간에 내가 아닌 아이를 위한 책을 담았다. 책은 장난감처럼 자리를 많이 차지하지도 않고, 시기가 지났다고 금방 바꿔줘야 할 필요도 없다. 무엇보다 비싼 장난감처럼 왜 가지고 놀지 않느냐고 한숨을 쉬지 않아도 된다. 그저 아이가 좋아할 만한 방식으로, 엄마가 할 수 있는 만큼만 보여주고 읽어주기만 하면 그만이다.

나는 아이에게 사랑을 주고 싶었지만, 방법을 몰랐던 엄마였다. 처음에는 도저히 할 말이 없어서, 어떻게 놀아줘야 할지 몰라서 아이에게 책을 읽어주기 시작했다. 그러다 책을 보는 아이의 초롱초롱한 눈망울과 내 목소리에 박자를 맞춰 해맑게 웃는 소리에 마음이 몽글몽글해졌다. 그렇게 하루, 이틀, 시간이 지나면서 아이와 나, 우리 둘 사이의 짧은 침묵이 예전만큼 어색하지 않았다.

돌이켜보면 이유도 모르게 우는 아이를 달래고, 먹이고, 재우는 전쟁 같은 시간 속에서 하루하루 버티기만 하던 육아 시간 가운데, 아이와 책을 보는 잠깐의 시간이 있어 다행이었다. 그 시간에는 나와 아이 사이에 뭔가가 채워지고 있음을 느낄 수 있었다. 그건 교감이었다. 아이와 손잡고 그림 하나하나를 짚어보던 순간, 책에 나오는 그림을 따라 하며 손 뽀뽀 코 뽀뽀를 하며 부비부비하던 순간, '엄마 이거 맞아?'라는 표정으로 눈 맞춤하는 아이를 보던 순간들이 그랬다. 아기는 6~8개월부터 자신을 다른 사람과 분리된 존재로 인식하기 시작하는 자아 개념이 생긴다. 사회성이 발달하기 시작한다는 뜻이다. 모든 아이가 가장 먼저 사회성을 경험하는 대상은 바로 엄마다. 긍정적인 사회성과 스스로에 대한 자신감 역시 엄마와의 책 읽기로 기를 수 있다는 걸 아이가 커가면서 더 느꼈다.

어릴 때는 장난감을 대신해서, 조금 자라서는 가장 쉽게 역할 놀이를 할 수 있는 게 책이다. 말 없는 엄마도 수다쟁이로 만들고 때로는 아이의 마음을 은근슬쩍 들여다볼 수 있는 거울이 내게는 책이었다. 아이에게 세상을 알려주기 위한 도구로 책보다 더 좋은 걸 보지 못했다. 책 속에 내가 아이에게 알려주고 싶은 모든 이야기가 있고, 모든 세상이 있다. 가장 저렴하면서 활용도 높은 놀잇감임을 첫째를 키우며, 둘째를 낳고야 비로소 알게 되었다.

책 읽어주기는 내가 아이에게 해줄 수 있는 가장 평범하지만, 그 누구도 대신해줄 수 없는 특별한 선물이다.

02

내가 더 편해지고 싶어서

아이가 100일이 지나자마자 기다렸다는 듯이 아이를 둘러메고 밖으로 나갔다. 하지만 아이와 외출을 하려면 가방 싸는 게 일이었다. 기저귀, 물티슈, 젖병에 보온병까지 넣다 보면 이미 한 짐인데, 거기다 장난감까지 챙겨야 했다. 밖에서 갑자기 아이가 울기 시작하면 등줄기와 겨드랑이에서도 땀이 흘렀기 때문에 사전 준비를 철저히 해야 했다. 어릴 땐 치발기 하나면 됐는데, 좀 크고 나니 혼자서 오랜 시간 집중할 만한 게 필요했다.

그렇다고 아이 손에 스마트폰을 쥐어주고 싶지는 않았다. 그래서 생각한 게 사운드북이었다. 책장을 넘기면 소리가 나는 형태의 사운드북은 소리를 잠시 꺼두어도 장난감처럼 가지고 놀 수 있었다. 사운드북 한 권과 떼었다 붙였다 하는 스티커북만 챙겨도 아이가 꽤 긴 시간을 집중했다. 이것 두 개만 더 챙기면 되니 기저귀 가방 싸는 것도 그리 힘들지 않았다. 생각보다 헐거운 가방 무게만큼이나 내 마음도 한결 가벼워졌다.

나는 이기적인 엄마였다. '아이가 어릴 때는 집 나가면 고생'이라고 하는 말을 한 귀로 흘리고 내가 가고 싶은 카페며, 식당, 쇼핑몰에 아이를 데리고 다녔다. 집에서 아이에게 조곤조곤 말을 걸며 다양한 놀이를 해주는 건 영 자신이 없었다. 그런 내게 책 읽기는 정말 딱이었다. 내가 해야 할 건 '책을 펼친다, 읽어준다.' 그게 끝이었다. 책에 동물이 나오면 동물 소리를 흉내 내고, 동작이 나오면 같이 따라 해보기만 해도 아이는 좋아했다. 이렇게 쉬운 게 있다니! 많은 에너지를 들이지 않아도 아이와 즐겁게 시간을 보낼 수 있는 가장 편한 방법, 그게 내게는 책육아였다.

아침에 눈을 떠서 잠들 때까지, 아니 자면서까지 엄마를 찾는 유아기 시절의 아이들은 매 순간 엄마와의 상호작용을 원한다. 그럴 때마다 오늘은 또 뭐 하고 놀아주나 고민하다 지쳐 결국은 TV 앞에 아이를 앉히고 마는 불상사를 막을 수 있었던 것은, 매일 조금씩 아이와 책을 보는 시간이 있었기에 가능한 것이었다. 퇴근하고 돌아와 고단했던 하루의 끝에서 아이와 함께 편히 누워 뒹굴뒹굴 책을 보며 보내는 그 시간은 내게 쉼표 같은 순간이었다.

아이가 책과 친해지면서 정작 가장 편해진 건 나였다. 아이가 다섯 살이 될 때까지는 툭하면 감기에 걸렸다. 전염병이란 전염병은 다 거치다 보니 병원도 자주 갔다. 서둘러 준비해서 간다고 갔는데도 소아과에는 먼저 온 사람들로 항상 대기조를 면치 못했다. 다행인 건 어느 병원에 가더라도 거기엔 항상 책이 있었다. 오래 걸리더라도 책을 보면서 기다리니 아이가 보채는 일이 없었다.

기차를 타고 다섯 시간이 넘는 할머니 집에 갈 때도, 모처럼 야외로 나가 돗자리를 깔고 숲에서 시간을 보낼 때도 스마트폰에서 무슨 영상을 아이에게 보여줄까 찾지 않는다. 아이는 뛰어놀다가, 그림을 그리다가, 그래도 심심하면 집에서 챙겨온 책을 꺼내는 아이가 되었다.

TIP. **아이와 이동하며 다닐 때 가지고 다녔던 책들**

- **브이텍 사운드북** 3~12개월. 책장을 넘기면 소리가 나는 사운드북으로 백일만 지나도 볼 수 있다. 종이책 모양과 비슷해 아기가 책과 친해지도록 도와준다. 책 전체가 플라스틱으로 되어 있어 던지거나 물고 빨아도 튼튼하고, 돌전 아기들도 책장을 스스로 넘기면서 갖고 놀 수 있다.

- **어린이 포켓 도감** 12개월~5세. 동물, 식물, 곤충 총 세 권으로 되어 있다. 손바닥만한 사이즈로 가방에 넣고 다니기 좋고, 사진 위주로 된 책이라서 밖에 나갔을 때 보여주기도 좋다.

- **두들북 · 워터색칠북** 18개월~5세. 책이라기보다는 장난감에 좀 더 가깝지만 외출해서 아이가 심심해할 때 유용하게 사용할 수 있다. 붓에 물을 묻혀 칠하면 색이 칠해지는 워터색칠북은 따로 준비물 없이 색칠 놀이가 가능하고, 물이 마르면 몇 번이고 다시 사용할 수 있다. 바다, 공룡, 탈것처럼 한 가지 주제가 책 한 권에 담겨 있는 '멜리사앤더그의 워터 와우'를 추천한다.

03

온전히 줄 수 있는 최고의 유산, 엄마표 책육아

부모라면 누구나 아이가 나보다 잘되기를 바란다. 내가 부족하게 느꼈던 부분을 채워주고 싶고, 나보다 훨씬 더 나은 삶을 살게 해주고 싶어 한다. 하지만 우리가 항상 아이에게 정답만을 제시해줄 수 있을까? 그렇다면 부모가 줄 수 있는 건 과연 어디까지일까?

"민식아, 너의 생물학적 아버지는 어쩔 수 없단다. 그런데 네가 노력하면 정신적 아버지는 훌륭한 사람을 만날 수 있어. 도서관에 가 봐라. 도서관에 가면 위인들의 삶을 기록한 책도 있고, 멋진 생각을 하는 저자도 많단다. 그중 좋은 어른을 찾으면 그분을 너의 정신적 아버지로 모시렴."

한 신문 칼럼에 실린 김민식 피디(전 MBC PD)의 어머니께서 하신 말씀은 두고두고 기억에 남았다. 어머니가 하신 이 말을 듣고 그는 인생의 가르침을 줄 어른을 찾아 책을 읽었다. 평소 독서광이던 그는 한 해 200권의 책을 빌려서 읽은 덕분에 도서관에서 최우수 다독자로 선정되기도 했다. 세월이 흘러 그 역시 아버지가 되었고, 건물이나 재산을 물려줄 형편은 못 되지만 최고의 유산인 책 읽는 습관을 물려주려고 노력했다고 한다. 그는 아이가 무려 초등학교 5학년 때까지 책을 읽어주었고, 방송사 PD임에도 불구하고 집에서는 TV를 보지 않았다.

앞으로 아이는 인생을 살면서 혼자서는 결정하기 힘든 순간들이 많이 찾아올 것이다. 그때마다 부모가 매번 도와줄 수는 없다. 우리는 아이의 평생을 책임질 수 없다. 하지만 좋은 습관을 물려줄 수는 있다. 부모가 환경을 만들어주고 도와주기만 하면 아이의 습관은 저절로 만들어진다.

어렸을 때 우리 집은 저녁 9시 뉴스가 끝나기가 무섭게 불이 꺼졌고, 아침 7시면 어김없이 불이 켜졌다. 방이며, 거실이며 온 집의 불을 켜는 아버지 때문에 동생과 나는 주말에도 더 자고 싶었지만 그럴 수 없었다. 집안의 불을 켜고 끄는 것만으로 아버지는 매 한번 들지 않고 나와 동생의 생활 습관을 만드는데 성공하신 셈이다.

생활 습관으로 책 읽는 습관을 물려준다면 아이가 평생 독자로 살아갈 확률이 높아진다. 엄마, 아빠가 없더라도 책 속에서 스스로 정신적 부모를 찾아 자기 삶을 지혜롭게 살아갈 수 있는 혜안을 가지게 될 것이다. 그러니 아이에게 금수저, 흙수저도 아닌 책수저를 물려주자. 밥 한 숟갈 떠먹듯 자연스럽게 책을 보게 하고, 키와 몸무게가 자라듯 아이들의 생각도 자랄 수 있는 지혜의 책 한 그릇으로 우리 아이들의 배를 채우자.

04

육아는 장기전, 함께 멀리 가기 위해서

아이를 재우고 히루를 돌아보면 문득 내가 하루살이 같다는 생각이 들 때가 있다. 육퇴를 하고 밤이 되면 아무것도 한 게 없는 것 같은 하루가 아까워 쉽사리 자지 못하는 날들이 이어졌다. 아이를 키우는 건 그저 남들처럼 열심히 하면 되는 줄 알았는데 한 달, 두 달이 지나도 남는 게 없는 느낌이었다. 인풋만 있고 아웃풋은 없는 것 같은 육아. 아이에게 초점을 맞추자니 내가 사라지는 것 같고, 나만 생각하자니 이기적이고 나쁜 엄마가 되는 것 같았다.

그런 마음이 샘솟는 날, 제대로 된 엄마 노릇을 못 한 것 같아 우울할 때도, 아이에게 종일 화를 내고 미안할 때도, 주변 사람들과 비교하며 작아지는 나를 다잡으려 할 때도, 아이를 재우며 그저 습관처럼 책 한 권을 읽어주었다.

"이제 제발 그만 좀 해. 이 정도면 충분하지 않니?"

『용감한 아이린윌리엄 스타이그/비룡소』에는 아픈 엄마를 대신해 드레스를 배달하는 소녀 아이린이 나온다. 눈보라가 휘몰아치는 눈길을 뚫고 몸집만큼 큰 상자를 들고 가던 중 옷은 바람에 날아가 버리고, 발목까지 삐어 눈 속에 갇혀버린 아이가 바람에 외치는 장면. 그 부분을 읽어주다 그만 울컥하고 말았다. 종일 일과 아이와 씨름하면서 잘해보려고 애썼지만, 어느 것 하나 제대로 해내지 못해 속상했던 내가 책 속에 보였다.

모든 게 끝났다고 생각한 순간, 아이린은 용기를 낸다. 빈 상자지만 사과의 마음이라도 전달하자는 생각으로 끝까지 걸어가 결국 기적 같은 결말을 맞이한다. 이러지도 저러지도 못하고 매번 방황하는 내게 책 속 아이는 조금만 더 용기 내보라고 응원해주었다.

그 후로 아이에게 책 한 권을 읽어줄 때마다 나 스스로에 대해서 한 번씩 생각해보는 연습을 하곤 한다. 그런 나날이 차곡 차곡 쌓이자 형식적으로 아이와 책을 읽던 건조한 시간이 점차 아이를 키우는 '나'를 생각해보는 말랑말랑한 시간으로 바뀌기 시작했다. 책을 통해 엄마인 내 이야기를 할 게 많은 책, 내가 읽으면서도 재밌는 책은 아이도 좋아했다. 아이주도 같으면서 엄마주도인, 엄마주도 같으면서 또 아이주도인 육아법이란 이런 게 아닐까. 아이와 엄마가 함께 상생하는 길, 책육아는 그 길을 넓혀주었다.

책육아는 외부의 말들에 흔들리지 않고 주체적으로 아이를 키울 수 있는 단단한 힘을 가지게 해주었다. 아이에게 책을 읽어주다 보니 그림책에 대해 더 알고 싶어서 그림책 강의를 찾아 공부했고, 더 재밌게 읽어주고 싶어서 책 놀이, 동화 구연을 배웠다. 아이 때문에 공부했던 그 시간은 정작 엄마인 나 스스로를 바로 서게 해주었다.

오래도록 아이를 지지하고 응원하기 위해서는 지치지 않는 힘이 필요하다. 그 힘의 원천은 무엇일까? 그것은 아이와 함께하는 지금을 있는 그대로 즐기는 것, 그리고 아이와 부모가 함께 성장 스토리를 만들어 가는 것, 그 두 가지라는 사실을 아이에게 책을 읽어주며 비로소 배울 수 있었다.

책육아 환경이 반이다!

01

시작이 어려운 엄마에게 필요한
책육아 필수품 단 두 가지

도서관에 열심히 오는 엄마들은 대부분 책육아에 관심이 많은 편이다. 관련 강의가 있으면 집이 도서관에서 꽤 먼 거리라도 기꺼이 찾아온다. 자발적으로 도서관에서 독서 모임을 만들고 싶다고 하기도 하고, 관련 자격증을 따기도 한다. 그런데도 아이가 커갈수록 독서 지도를 어떻게 해야 할지 모르겠다며 하소연을 한다. 전문가 강의도 듣고, 육아서도 많이 읽었는데 막상 아이와 집에서 책육아를 해보려고 하면 뭐부터 시작해야 할지 모르겠다는 것이다. 왜 그럴까?

지현이 엄마의 계획은 배운 대로 아이에게 최대한 실감 나게 책을 읽어준 다음, 책의 핵심 내용에 대해 아이와 이야기를 나누는 것이다. 그러고도 시간이 되면 책 놀이까지 확장해봐야겠다고 생각했다. 엄마의 머릿속으로는 이미 모든 계획이 끝났다. 그런데 아이를 앉혀놓고 "책 읽자~"라고 한 순간부터 계획대로 되는 건 하나도 없다. 지현이는 책에 집중하지 못하고 금세 자리를 이탈해 엄마의 시야를 벗어난다. 쫓아가 책을 읽어줘도 영 시큰둥하다. 이유를 생각해보니 책 읽는 환경이 문제인 것 같다. 그래서 전면 책장도 사고, 독서대도 구비하고, 거실을 서재처럼 꾸미느라 바쁘다. 그럼 이제 지현이는 책을 잘 읽을까?

책육아를 위해 많은 것들을 준비할 필요는 없다. 유명하다는 전집을 사서 꽂아놔도 안 읽으면 아무 소용이 없다. 책을 꺼내어 펼치지 않으면 엄마가 동화구연을 배웠든, 하브루타를 배웠든 써먹을 일이 없다. 책을 읽다 보면 좋은 책을 고르는 눈이 저절로 생기고, 아이가 좋아하는 책도 자연스레 알게 된다. 꼭 무슨 상을 받은 책, 어디 추천 도서만 읽혀야 한다는 생각을 버리자.

오늘부터 하루에 몇 권을 읽히겠다는 다짐, 하루 한 시간을 독서 시간으로 정하겠다는 각오 같은 것도 하지 말자. 단 한 권이라도 아이와 집중해서 책을 읽을 수 있는 시간이면 된다. 조금이라도 꾸준히 읽어보면서 아이와 나만의 책 읽는 궁합을 찾아보자. 아이가 언제 가장 책을 잘 보는지, 어떤 책을 좋아하는지, 어떻게 읽어줄 때 재밌어 하는지는 조금씩 꾸준히 해나갈 때 찾아지는 것이지, 오늘 한 시간 열심히 읽어주고 한참 있다가 생각나면 또 열심히 읽어주는 식의 벼락치기로 알 수 있는 게 아니다.

책 놀이, 독후 활동도 마찬가지다. 책에서 아이가 궁금해하는 것을 영상으로 찾아서 함께 보거나, 아이가 관심 있어 하는 주제와 관련된 주변 사람, 우리 집 물건 등을 떠올려보는 것 등 당장 해볼 수 있는 것부터 확장하면 된다. 오늘 하루 아이와 읽은 책 한 권, 오늘 하루 아이와 대화한 시시콜콜한 단어 하나. 그게 우리 아이의 독서 기록이 되고 책육아를 굴러가게 하는 힘이 된다.

책과 더 친해지는 우리 집 공간 만들기

도서관처럼 정돈된 공간에서 일하다가 책과 장난감, 살림살이가 뒤섞여 치워도 치워도 금세 난장판이 되곤 하는 집으로 퇴근할 때면 가끔 숨이 턱턱 막혔다. 하지만 아직 어린 둘째가 있는 집은 치우고 돌아서면 순식간에 다시 쓰레기 수거장 풍경이 펼쳐지곤 했다. 어지러운 공간이 오히려 아이의 창의력을 신장시켰다는 육아 선배 박혜란 선생님의 말을 철석같이 믿으며 깨끗한 집에 대한 욕심은 버렸다. 아이가 어릴 때는 책 읽기 좋은 환경은 정돈된 집이 아니다. 책 노출 환경을 만드는 것이 근사한 인테리어보다 먼저다. 책이 보여야 손이 가고 손이 가야 읽게 된다.

장난감과 책의 공간을 분리하자

제일 먼저 한 것은 장난감과 책 공간의 분리였다. 거실에 장난감과 책이 혼재되어 있으니 늘 장난감에 먼저 손이 갔다. 자주 안 가지고 노는 장난감은 치우고, 나머지는 TV 서랍장에 몰아넣었다. 책장 앞에는 포근한 담요와 독서대만 두어서 아이들이 편안하게 책을 꺼내 볼 수 있는 분위기를 만들었다. 같은 거실 내에서 공간을 분리하니 아이도 TV 근처에서는 장난감만 가지고 놀고, 책을 볼 때는 오롯이 책에만 집중했다. 제자리를 정해두니 다 놀고 난 장난감이나 다 읽은 책을 정리하는 것도 전보다 훨씬 수월해졌다.

집안 곳곳에 책을 배치하자

나는 책 노출을 위해 책장을 늘리는 대신 튼튼한 상자나 바구니, 북엔드, 파일 보관함, 접시 꽂이 등을 활용해서 집안 곳곳 손이 닿는 자투리 공간에 책을 두었다. 화장실 옆, 부엌 싱크대 옆, 식탁 주변 등 곳곳을 책꽂이로 활용했다. 특히 식탁 주변에 책이 있으면 엄마가 숨 돌릴 시간이 주어진다! 그전에는 요리라도 하려고 하면 밥 먹기도 전에 아이들에게 간식을 주고 시간을 벌어야 했다. 아이를 다 재운 다음에야 밀린 설거지를 보고 한숨을 쉬었다. 그런데 부엌에 책이 있으니 식사를 준비하는 동안이나 밥 먹고 나서 설거지하는 시간에도 아이들이 엄마 바짓가랑이를 붙잡고 놀아달라고 하는 대신 책을 꺼내서 놀 때가 많았다. 아이들은 여기저기 숨겨둔 보물을 찾듯 책을 발견해서 읽는 걸 재밌어했다. 책 읽는 시간을 따로 마련하지 않아도 책을 보게 되는 틈새 독서가 비로소 가능하게 되었다.

책장, 정리하지 말고 비우자

아이가 자라면서 책장이 꽉 찼다. 그림책, 전집, 영어책까지 다 모아두니 책 크기도 들쑥날쑥했다. 나중에는 유치원에서 가지고 오는 책들까지 더해져 책장은 순식간에 쑥대밭이 되었다. 마음먹고 정리해도 며칠이 지나면 도루묵이었다. 책으로 꽉 채운 책장에서 아이가 좋아하는 책을 찾아내기란 음식으로 가득 찬 냉장고에서 먹을 만한 재료를 찾는 것처럼 어려운 일이었다.

아이와 함께 앞으로 안 볼 것 같은 책은 분리수거장으로, 당분간 보지 않을 책이지만 보관해야 하는 책(둘째를 위한 책)은 창고로, 그 외의 책들은 엄마 아빠의 서재로 보냈다. 그리고 거실에는 최소한의 책만 꽂아두었다. 텅 빈 책장에 남은 책들만 꽂으니 책들이 한눈에 들어왔다. 도서관에서도 책 정리를 할 때는 책장의 2/3만 책을 꽂는 걸 원칙으로 한다. 우리 집 책장도 그렇게 주기적으로 비우기를 했다. 새로 책을 사면 기존 책들은 빼내서 서재 방 책꽂이에 꽂아두었다. 그랬더니 서재 방 책장도 상비약을 고루 구비해놓은 약상자처럼 아이가 필요할 때면 언제든지 책을 찾을 수 있는 든든한 서고가 되었다. 책장을 헐겁게 해두니 가장 좋은 점은 아이가 책을 더 잘 본다는 거였다. 한눈에 책이 다 들어오니 일단 읽은 책과 안 읽은 책이 명확하게 구분되었다. 아이는 책을 꺼내서 이리저리 탐색해보기도 하고 이 칸에 꽂았던 책을 다른 칸에 꽂기도 하면서 책장을 자유롭게 사용했다. 진짜 책장의 주인이 된 셈이다.

한 달에 한 번, 책 전시가 열리는 우리 집

유치원에 공주 드레스를 입고 갔던 첫 핼러윈데이를 경험한 이후, 아이는 매년 핼러윈데이를 손꼽아 기다렸다. 핼러윈이 되기 며칠 전부터 무슨 옷을 입을지 미리부터 들뜬 아이와 함께 책장 꾸미기를 해보았다. 핼러윈 하면 생각나는 호박, 유령, 마법과 관련된 책을 모으고 관련된 색깔인 주황색, 보라색 책을 꽂았다.

아이가 직접 한 권 한 권 엄선해서 꽂은 책들은 아이의 기억 속에도 차곡 차곡 담겼다. 거기다 호박 가면과 가렌다도 만들어 책과 함께 두니 제법 근사한 책장이 되었다. 아이는 망토를 입고 유치원에서 받아온 호박 바구니까지 들고 책장 앞에서 사진을 찍어달라고 했다. 그렇게 한 이 주 동안 열린 우리 집 책 전시 코너는 아이의 포토존이자 놀이터가 되었다.

가끔은 도서관이나 서점처럼 주제를 정해서 책을 큐레이션해보자. 거창하지 않아도 좋다. 한 가지 주제에 대해서 아이가 책을 골라보는 것만으로도 책에 대한 애착이 생기고 주제에 대해서도 알아가는 기회가 된다.

공룡을 좋아하는 아이와 색종이로 공룡 접기를 한 뒤 아이가 좋아하는 공룡 책과 종이접기 작품을 함께 전시한다면 하나의 근사한 주제 전시가 완성될 수 있다. 전면 책장을 활용하거나 책장 한쪽을 이용해도 좋고, 아니면 책장이나 장식장 위 공간도 좋다. 아이가 직접 만든 한 뼘의 공간은 아이가 신발 벗고 들어와 가장 먼저 찾는 내꺼, 내 자리가 된다.

우리 집 책장 정리 팁!

1. 아이의 눈높이에 맞게, 자유자재로 책을 빼낼 수 있게 한다.
2. 아이가 기어 다닐 때는 바닥과 최대한 가까이에 책을 둔다. 바구니에 책을 담거나 바닥에 책을 쌓아놓는 것만으로도 충분하다.
3. 아이가 걷기 시작하면 책장 두 번째 칸으로 책을 옮긴다. 이때는 서서 책을 고르는 기회가 더 많아진다.
4. 아이가 크면 책장 속에 자기만의 공간을 마련해두고 자유롭게 꾸미거나 물건을 넣을 수 있도록 한다.

5. 시기를 정해서 주기적으로 책을 솎아낸다.

6. 아이가 3개월 이상 안 보는 책은 과감히 정리하고, 연령에 맞지 않는 교구도 빼낸다.

7. 책장 앞 바닥은 책 노출에 가장 좋은 공간이다. 여기서 포인트는 무심하게 그러나 눈에 잘 띄게 책을 두는 것이다. 책장으로 가기 전 아이가 이 책을 먼저 집어들 확률은 99.9%이다.

우리 집 책 관리를 도와주는 베스트 아이템 세 가지

1. 접착풀

두꺼운 보드북이나 딱딱한 책 표지가 떨어지거나 벌어진 경우 목 공풀을 책등 _{책의 옆면에 책 제목이 나와 있는 부분} 부분에 발라놓고 집게로 집어서 하루 정도 눌러준다.

2. 종이테이프, 보수용 테이프

책이 찢어진 경우 테이프를 붙여주는데 이때 오래 볼 책이라면 보수용 테이프를, 아닐 경우 3M 테이프로, 글자가 중요하지 않은 부분이라면 종이테이프를 이용한다.

3. 북티슈

중고 책 또는 더러워진 책은 북티슈(소독티슈)를 이용해서 닦는다.

이 아이템 세 가지는 온라인에서 '도서관 용품'이라고 검색하면 나오는 판매처 또는 일반 문구점에서 구입 가능하다.

03

책 읽는 습관을 만드는 아침 독서와 잠자리 독서

아이와 책을 읽을 수 있는 시간이 하루에 얼마나 될까? 물론 집집마다 그 여건이 다 다를 것이다. 형제자매가 있는지, 아이가 기관에 다니는지, 부모가 맞벌이를 하는지, 아이의 수면 시간 등 상황에 따라 달라질 수 있다.

우리 집 독서 시간표

☀️		🌙	
6시 30분	기상	19시	저녁 식사
7시	**책 읽기**	20시	목욕
7시 30분	아침식사	**21시**	**책 읽기**
9시	등원	21시 30분	취침

평일 기준으로 본 우리 집 독서 시간표이다. 우리 집은 아이들이 아침에 일찍 일어나는 편이다. 그래서 아침저녁으로 30분씩 총 1시간의 시간을 독서 시간으로 확보해두었다. 물론 상황에 따라 어떤 날은 피곤해서 늦게 일어나는 바람에 아침 독서를 건너뛰기도 하고, 또 어떤 날은 책을 읽기 시작하고 10분 만에 잠에 빠지기도 한다. 강박 관념을 가

지고 시간표를 지키려고 하면 아이도 엄마도 금방 지친다. 30분이란 시간은 어떻게 보면 짧고 어떻게 보면 긴 시간이다. 중요한 것은 몇 분이냐가 아니라 같은 시간, 같은 장소, 같은 패턴으로 책을 읽어주는 것이다. 여기서 같은 패턴이라는 건 엄격하게 같은 자세로 꼭 같은 위치를 정해야 한다는 뜻이 아니라 일상에서 스며들 듯 자연스럽게 이루어져야 한다는 뜻이다. 예측 가능한 일과는 아이에게 안정감을 주고, 큰 힘을 들이지 않고도 어떤 일을 해낼 힘을 준다. 또한 규칙적인 독서 시간은 아이의 수면, 씻기, 식사 등 다른 생활습관과도 맞물려 유아기 습관 형성에도 긍정적인 영향을 끼친다.

책 읽는 습관 만들기 일등 공신, 잠자리 독서

처음 잠자리 독서를 하기 시작한 건 첫째의 심한 잠투정 때문이었다. 한 시간이 넘게 우는 아이를 업고 밤중에 놀이터에 나가기도 하고, 차를 태워보기도 했지만 그때뿐이었다. 마지막이라는 생각으로 수면 교육 관련 책들을 눈에 불을 켜고 읽었다. 책에서 공통으로 말하는 게 한 가지 있었는데, 바로 매일 밤 똑같은 순서대로 수면 의식을 해줘야 한다는 것이었다. 그래서 아이와 목욕 후 로션을 발라주면서 마사지를 해준 다음, 옷을 갈아입히고 책을 읽어주었다. 그때가 아이 18개월쯤이었다. 처음에는 5분 정도로 시작한 잠자리 독서는 한 달 정도가 지난 후부터는 20분, 30분으로 늘어갔다. 책장만 넘기거나 책을 집어 던지던 아이는 자기가 좋아하는 책을 책장에서 뽑아오고, 계속 읽어달라고 책을 내밀었다. 그렇게 자기 전 수면 의식으로 책을 읽은 지 두 달이 지나자 책을 보다가 스르륵 잠이 들거나 아이가 책을 안고 스스로 베개를 베고 자는 기적 같은 날도 찾아왔다.

"잠자리 독서 꼭 해야 해요?" 물어올때면 "꼭 하셨으면 좋겠다."라고 대답한다. 내가 아이와 책 읽는 습관을 만들 수 있었던 일등 공신이었기 때문이다. 처음에는 『달님 안녕 하야시 아키코/한림출판사 』같이 달이 나오거나, 밤과 관련된 책을 주로 읽어주기 시작했다. "책 읽고 잘까?" 하고 함께 누워서 아이의 보드라운 살을 만지고 있으면 그 자체로 마냥좋았다. 퇴근하고 정신없이 아이를 먹이고, 씻기고, 집 치우고, 긴장했던 내 몸도 그 시간에는 그저 툭 뉘어 놓을 수 있었다. 오히려 아이보다도 내가 더 그 시간을 기다리고 있었다. 그때까지만 해도 이게 독서 습관으로 이어질 것이라고는 생각하지 못했다. 그저 심한 잠투정이 사라진 게 신기하고 감사할 뿐이었다. 그런데 잠들기 전 30분의 힘은 생각보다 컸다. 어젯밤 아이에게 읽어준 책은 아이가 다음날 아침에도, 오후에도 계속 봤다. 고단해서 책 읽기를 건너 뛰려고 하는 날에도 아이가 아쉬워해서 한 권이라도 꼭 읽어줘야 했다. 그러다 보니 자기 전 양치하듯 책을 읽고 자는 습관이 7년 넘게 지속되었다. 잠자리 독서 덕분에 책육아를 이어왔다고 할 정도로 잠자리 독서의 효과를 톡톡히 본것이다.

영국에서는 4월이면 세계 책의 날 행사로 부모들이 취침 전 20분 동안 책을 읽어주는 잠자리 독서 캠페인을 벌인다. 유대인 부모들이 일과 중 빼먹지 않는 것 또한 잠자리에 든 자녀에게 책을 읽어주는 것이다. 그만큼 자기 전은 엄마가 책을 읽어주기에도, 아이가 책 이야기를 듣기에도 가장 좋은 시간이다. 책에 흥미가 없는 아이라면 잠자리 독서가 더욱 효과적이다. 자기 전에는 흥분되어 있던 몸과 마음이 차분해진다. 거기다 침실에서는 평소보다 살짝 어둡거나 따뜻한 색의 조명으로 책을 보게 되므로 책에 더 몰입하게 된다. 편안하게 벽에 기대거나 엄마 품에 안기거나 누워서 엄마가 읽어주는 책을 보는 시간. 이때는 책을 읽는다기보다 책을 듣거나 그림을 보는 느낌이 더 강하기 때문에 책에 대한 거부감도 훨씬 줄어든다. 그렇게 책과 조금씩 친숙해지다 보면 어느 날 아이가 베갯머리로 책을 가져와 '엄마 또 읽어주세요.' 하고 말하는 날이 찾아올 것이다.

잠자리 독서로 어떤 책을 읽어줘야 할까?

잠자리 독서용 책을 검색하면 대게 '밤'이나 '잠'과 관련된 책이 쏟아진다. 하지만 아이를 빨리 재우기 위한 게 아니라면 꼭 그런 책을 선택할 필요는 없다. 우선은 아이가 골라오는 책이 먼저다. 만약 엄마나 아빠가 고른다면 자기 전 아이와 나누고 싶은 이야기가 있는 책을 고르자. 아이에게 화를 내서 미안했다면 『엄마가 정말 좋아요 미야니시 타츠야/길벗어린이』를, 아이가 낮에 친구나 동생 때문에 속상해했다면 『가만히 들어주었어 코리 도어팰드/북뱅크 』을 읽어주자. 낮에 미처 할 수 없었던 이야기를 아이와 나누면서 아이도, 엄마도 편안한 시간을 가져보자. 소통하는 부모가 별건가. 자기 전 소곤소곤 아이와 대화하는 시간이야말로 진정한 소통의 시간이다. 두 돌이 지나 아이가 책을 본격적으로 보기 시작하면서는 주로 따뜻한 그림책을 읽어주었다. 세 돌까지는 애착 형성이 가장 중요하다는데 그렇게 해주지 못하고 있는 것 같아 미안한 마음을 잠자리 독서 시간에 만회하고자 했다. 이 시간만큼은 책을 읽어주면서 최대한 다정한 목소리를 아이에게 들려주고 아이에게 행복한 기운을 전달하려고 했다. 그런데 아이가 말을 하기 시작하니 오히려 내가 아이로부터 따뜻한 말을 듣고 울컥하는 날이 많았다. 나는 평소에 사랑한다는 말을 잘 못하는 무뚝뚝한 엄마였다. 『엄마는 언제 날 사랑해? 아스트리드 데보르드, 폴린 마르탱/토토북 』라는 책은 그런 내가 대신 전하는 사랑 고백 같은 거였다. '엄마와 함께 있을 때도 함께 있지 않을 때도 엄마는 널 사랑해.'라는 책 속 문장을 읽는데 어느새 아이가 와락 안겨왔다.

"나도 엄마랑 같이 있지 않을 때도 엄마 생각하는데… 엄마 사랑해."

스스로 책 읽는 아이를 만드는 아침 독서

'아침 독서 운동'이라고 들어본 적이 있는가? 하루 최소한 10분이라도 책을 보자는 취지로 일본 공교육에서 시작된 사업으로 우리나라 초등학교에서도 도입해서 운영하고 있는 캠페인이다. 아이들은 학교에 등교해서 10분 동안 자기가 읽고 싶은 책을 본다. 하루 10분 정도 책을 읽는 것이 아이들에게 어떤 영향을 끼칠까? 2019년 국민 독서실태조사 결과 아침 독서가 독서 습관에 도움된다는 의견이 2010년 45.3%에서 2013년 51.0%, 2017년 61.1%, 2019년 57.2%로 처음보다 훨씬 증가했다. 『아침독서 10분이 기적을 만든다 하야시 히로시/청어람미디어』에 따르면 아침 독서가 즐거워진 아이는 일찍 잠을 자고, TV 보는 시간과 게임하는 시간이 줄고, 아침에 일찍 일어나고, 세수도 혼자 하고, 스스로 학교 갈 준비를 하고, 아침밥을 잘 먹고, 지각하지 않는 등 생활 습관이 전반적으로 자기주도적으로 변화했다고 한다. 이는 우리집 아침 풍경과도 거의 일치해서 읽으면서 놀란 기억이 있다.

아침 독서는 힘이 세다. 아침에 눈뜨자마자 책을 읽는 아이는 자발성을 무한히 지닌 진정한 독자이고, 아침에 읽는 책은 아이가 진짜 원해서 읽는 책일 가능성이 크다. 하루 10분이라도 가족이 함께 아침 독서를 한다고 생각해보자. 하루의 시작을 TV로 시작하는 아이와 책으로 시작하는 아이의 하루가, 한 달이 어떻게 다를지는 굳이 설명하지 않아도 될 것 같다.

책 읽는 습관을 위해서는 시간을 정해두고 매일 그 시간에 책을 읽는 게 좋지만, 아이들과 있다 보면 모든 게 계획대로만 흘러가지는 않는다. 일주일 중에 3~4일이라도 잠자리 독서를 경험해보기를 권한다. 처음에는 상대적으로 부담 없는 잠자리 독서로 시작하고 그게 일상이 되면 아침 독서로 패턴을 바꿔보는 방법을 추천한다. 또는 잠자리 독서는 한글책, 아침 독서는 영어책처럼 장르를 나눠서 해보는 것도 방법이다.

엄마가 먼저 책을 읽자

아침 6시. 아이들이 깰까 봐 살금살금 거실로 나와 어제 다 못 읽은 책을 읽으며 나만의 시간을 연다. 고새 첫째가 덩달아 일어나 눈을 비비며 내 품에 안긴다. 좀 더 자도 된다는 엄마의 말에 다시 자러 가는가 싶더니 아이의 방에서 이내 소곤소곤 하는 소리가 들린다. 살금살금 아이 방으로 가봤더니 자기는커녕 책을 펴고 소리를 내서 읽고 있는 게 아닌가. 그 책은 어제 함께 읽었던 『바리공주 김승희, 최정인/비룡소』였다. 생각보다 책이 두꺼워서 다 읽지 못하고 잤던 책을 새벽에 일어나서 이어서 읽고 있었다. 담요를 어깨에 두르고 앉은 자세마저도 나와 똑같이 말이다.

아이들은 어른의 모방 선수
둘째는 첫째가 유치원에 가지고 다니던 식판, 물통과 자연스럽게 친숙해지더니 돌이 지나자마자 집에 있는 웬만한 반찬통이나 물병 뚜껑을 쉽게 열고 닫았다. 언니나 엄마가 보는 얇은 책의 책장을 넘기는 것도 수준급이었다. 보고 배운 힘이 그만큼 크다.

아이와 남편으로부터 평소 잔소리쟁이라 불리는 나지만 생각해보면 '오늘 책 읽었어? 가서 책 읽고 와' 같은 말은 한 번도 해본 적이 없다. 책 읽기만큼은 아이가 억지로 하지 않았으면 하는 마음에서다. 그럼 억지로 시키지 않고 가만히 두면 아이가 책을 볼까? 그럴 리가 없다. 대신 아이가 책을 저절로 보게 되는 가장 쉽고도 어려운 방법이 하나 있다. 바로 엄마가 먼저 책을 보는 것이다. 아이를 가만히 보다 보면 정말 내가 하고 있는 모습을 그대로 재연해내서 소스라치게 놀랄 때가 많다. 아이는 엄마의 뒷모습을 보고 자란다는 말은 정말이었다. 그러니 아이가 뭔가 하기를 바라는 게 있다면 엄마인 내가 그대로 보여주기만 하면 된다.

둘째는 책을 읽어주는 각고의 노력을 기울이지 않았는데도 돌이 지나고부터 쨱!쨱!이라 말하며 책을 좋아했다. 언니, 엄마가 하도 많이 보니 그게 좋은 건가 하는 생각이 자리를 잡았을 것이다. 그런데 책을 좋아하는 사람도 아이와 함께 있으면 집중해서 책 읽기가 쉽지 않은데, 하물며 책을 좋아하지 않는다면? 억지로 책 읽는 척하는 게 얼마나 곤욕일까. 나 역시 조용히 내 책을 읽고 싶을 때가 많지만 차분하게 글자를 읽을 여유가 좀처럼 생기지 않았다. 그럴 때는 잡지나 신문처럼 휘리릭 볼 수 있는 걸 택했다. 특히 육아 잡지를 읽다 보면 아이가 어느새 다가와 사진이나 그림이 궁금하다며 내 옆으로 엉덩이를 바짝 데고 앉았다. 아이들은 엄마가 읽는 책 내용보다도 무언가를 읽고 있는 엄마의 모습과 태도에 자극받는다는 걸 기억하자.

TV 없앨까 말까

요즘에는 안방에 TV를 두거나 아예 없애는 집도 많이 볼 수 있다. 나 역시 북카페처럼 느낌 있는 인테리어를 꿈꾸며 TV를 없애고 싶은 충동을 느낄 때가 많았다. 하지만 집은 나 혼자 사는 곳이 아닌 만큼 남편의 의사도 존중해주기로 했다. 아이에게서 영상을 완벽하게 차단할 수 없다면 스마트폰보다는 TV처럼 큰 화면으로 영상을 보는 게 시력 면에서도 더 낫다고 생각한다. 물론 그렇더라도 24개월 이전에는 가급적 영상을 보여주지 않는 게 좋다(왠만한 학술학계의 논문에서 공통적으로 말하는 것). 가끔 아이가 혼자서 동영상만 보고, 영어랑 한글을 뗐다는 얘기를 듣는다. 당장 들을 때는 '우와! 그 아이 천재 아니야? 대단하다' 생각할지도 모르겠다. 그런데 과연 그게 최선의 방법일까? 사실 영상 활용만큼 아이들에게 즉각적인 학습 방식이 없다. 잘만 활용하면 책보다 훨씬 빠른 아웃풋이 가능한 효과적인 도구다. 하지만 일찍부터 영상에 노출되면 아이의 시야는 그 안에서 좁혀지고 만다. 아이가 아는 세계는 그게 전부가 된다. 거기다 동영상은 나 혼자 보고 나 혼자 반응하는 일방통행이다. 하지만 책 읽기는 계속해서 책 속 그림과 글의 의미를 찾아가는 쌍방통행이다. 쌍방통행은 일방통행보다 느리지만 결국에는 더 안전하게 목적지에 다다르게 된다. 책 읽어주기는 아이와 엄마와의 쌍방통행으로 우리만의 길을 내는 과정이 된다. 최근 문해력이 큰 화두로 떠올랐다. 학교 알림장 문장조차 읽기 어려워하는 아이들에게 이미지가 아닌 글을 읽어낼 수 있는 힘이 무엇보다 필요하다. 아기가 이유식을 시작하면 일부러 단맛은 가장 나중에 먹인다. 여러 가지 채소의 쓴맛, 신맛을 경험하고 단맛을 먹은 아이는 편식 없이 음식을 골고루 먹게 되지만, 단맛을 먼저 맛본 아이가 쓰고 신 음식을 잘 먹기란 쉽지 않다. 책과 TV도 마찬가지다. 책의 재미를 아는 아이는 영상을 보더라도 조절이 가능하다. 하지만 TV 시청이 습관화된 아이는 책을 보는 시간으로 돌아가기까지 상당히 오랜 시간이 걸릴 것이다. 그러니 아이가 책 읽기에 빠질 때까지 TV는 조금 멀리해보자.

아이와 함께 TV 보는 우리 집만의 규칙

1. TV는 주말에만 본다

평일에 TV를 켜기 시작하면 일찍 자고 일찍 일어나는 생활 습관을 들이기 어렵다고 생각했다. 그리고 평일에는 가급적 놀이터에서 몸을 움직여 놀도록 했다.

2. 음식을 먹으면서는 보지 않는다

영상-먹기의 연결 고리를 만들지 않으려고 애썼다. 혹시라도 식사 시간 전에 TV를 보고 있었더라도 식사와 동시에 스위치를 껐다. 이건 외출해서도 마찬가지다. 어렸을 때부터 아이들에게 스마트폰을 쥐어 주고 밥을 먹이지 않았다. 처음부터 단호하게 규칙을 정해서 그런지 나가서도 옆 좌석 아이가 보는 스마트폰 소리에 아이들은 동요하지 않는다.

3. 자기 전에는 보지 않는다

어릴 때는 잘 먹고 잘 자고 잘 싸는 것만큼 중요한 게 없다. 영상-수면의 연결 고리 역시 만들지 않으려고 했다. 자기 한 시간 전에 영상을 보면 뇌의 각성으로 인해 수면에 방해가 된다는 수많은 전문가의 이야기를 굳이 듣지 않아도 영상의 빛과 소리가 우리를 자극시킨다는 건 경험으로도 알 수 있다. 숙면은 잠자기 한 시간 전의 행동이 중요하다. 이 시간을 어떻게 잘 보내느냐가 수면의 질은 물론 아이들의 성장 전반에 영향을 끼친다.

4. 하루 한 시간만 본다

처음에는 평일에 TV를 보지 않는 것에 대한 보상으로 시간 제한을 두지 않았다. 그랬더니 주말에 집에 있으면 온 가족이 TV 앞에 앉아 있게 되기 십상이었다. 그래서 주말에도 한 시간으로 TV 보는 시간을 정했다. 한 시간이 지나면 아이 손에 리모컨을 쥐어주고 스스로 끄게 했다. 더 보고 싶다고 조르거나 떼를 써도 그 이상은 허용하지 않았다. 이 패턴이 반복되자 아이도 더는 조르지 않고 규칙을 따랐다.

이미 TV에 중독된 아이에게는 TV를 없애는 게 시급하다. 하지만 말을 알아들을 수 있고, 습관 조절이 가능한 단계라면 꼭 없애는 것만이 능사는 아니다. 피할 수 없다면 현명하게 사용하면 된다. 아이와 함께 규칙을 정하고 온 가족이 반드시 지키도록 노력해보자. 책을 그냥 던져주는 게 아니라, 함께 보고, 읽어주고, 느끼려는 노력을 아끼지 않는다면 아이들은 TV보다 책장 앞에 앉아 있는 시간을 더 즐기게 된다. 그게 여전히 우리 집 거실에 TV가 있는 이유다.

도대체 어떤 책을
보여줘야 할까

01

책 검색할 시간에 일단 책 펼치기

『실행이 답이다 더난출판사 』 저자 이민규는 '책상을 정리하느라 정작 해야 할 중요한 일을 미뤄두는 사람은 절대로 크게 성공할 수 없다'라고 말한다. 청소하기 위해서는 일단 창문을 열고 청소기를 켜야 한다. 운동하려면 뭐할지 생각하기 전에 일단 이불을 박차고 나와야 한다. 우리는 워밍업을 위해서 너무 많은 시간을 쓰느라 정작 중요한 일은 시작조차 못한다.

아이에게 책을 읽어주기로 마음을 먹었으면 어떤 책이든 일단 읽어주기 자체를 시도해야 한다. '우리 아이는 책을 안 좋아하는데 보려고 할까?', '요즘 인기 있는 책이 뭔지 하나도 모르는데 좀 알아봐야 하나?' 등 이 고민 저 고민 하다 보면 내일도, 모레도 아이와의 책 읽기를 시작할 수 없다. 좋은 책 리스트를 알아내느라 하루 이틀 책 읽기를 미루기보다는 오늘 당장 읽어줄 수 있는 책 한 권이 더 중요하다.

물론 시작이 어렵다. 나 역시도 그랬다. 책을 많이 알고 있다고 생각했는데 또 하나도 모르는 것 같은 기분이 들었다. 분명 도서관에 오는 사람들이 물어오는 책을 매일 검색하고, 좋은 책을 찾아 추천 도서 목록을 작성하고, 이번 달은 어떤 주제로 전시할지 생각하며 수십 권 수백 권의 책을 보았다. 도서관 개관을 앞두고는 하루에 구입할 책 2,000여 권의 목록을 작성하기도 했다. 그렇게 책에 파묻혀 일했건만 우리 집 아이들이 볼 책을 사려고 보니 무슨 놈의 아이들 책이 이렇게도 많은지. 봐도 봐도 내가 모르는 책이 차고 넘쳤다. 우리 아이를 위한 책을 고르려고 조사를 시작하자 두 가지 관문이 기다리고 있었다.

첫 번째 관문. 다른 집 책장 비교

아이가 책에 흥미를 느끼기 시작한 두 돌 무렵, 집에 책이 너무 없어서 아이의 또래 친구들은 무슨 책을 보는지 검색을 해보았다. 도서관에 있는 책 말고 요즘 엄마들이 많이 사는 핫한 책이 왠지 따로 있을 것 같아서 블로그나 공구 카페 같은 곳을 찾아보았다.

"우리 집 책장입니다" 하고 제목을 단 글은 가히 충격적이었다. 3단 책장에는 구역별로 창작 책, 자연 관찰 책, 수학 동화책이, 전면 책장에는 알록달록한 그림책, 영어책 등이 꽂혀 있는 영롱한 사진들이 올라와 있었다. 아이가 어떤 책을 잘 보는지 어떻게 활용하고 있는지 등 엄마들의 구체적인 설명은 어느 출판사 마케터 뺨치게 조리 있었다. 그런 글들을 보다 보면 모두 우리 아이에게도 보여주고 싶은 욕심이 생겼다. '이거 말고 또 내가 놓치고 있는 책은 없을까?' 하는 생각을 하며 스마트폰 화면 속으로 점점 빨려 들어갔다.

"엄마, 으앙~"

바닥에는 반찬이랑 국건더기가 널브러져 있고, 식탁에서는 쏟은 국그릇의 국물이 뚝뚝 떨어지고 있었다. 아이가 밥을 먹는 동안 나도 모르게 또 스마트폰으로 책을 검색하고 있었던 거다. 정신이 번뜩 들었다. '내가 지금 뭐 하고 있는 거지? 이럴 시간에 책을 사지, 아니 있는 책이나 읽어주지!' 그날로 다른 집 책장 구경은 끝이 났다.

두 번째 관문. 책 구매 사이트 비교

다른 집과의 책장 비교가 끝났다면? 다음 관문이 기다리고 있다. 바로 책 구매다. 아이들 책값이 비싸다 보니 새 책이든 중고 책이든 한 푼이라도 더 싸게 사기 위해 갖은 방법을 동원하게 된다. 인터넷 서점을 순회하며 쿠폰을 끌어 모으거나 지역 맘카페, 중고 사이트를 비교하는 것은 상당한 손품을 필요로 하는 일이다. 그렇게 비교를 거쳤음에도 인터넷이라는 바다를 항해하다 결국 처음에 생각했던 것 말고 엉뚱한 책을 사기도 했다. 판매자가 파는 다른 책을 함께 사면 더 싸게 주겠다는 말에 혹해 원래 사려고 했던 책보다 더 많은 책이 집으로 오게 되는 일도 다반사였다.

물론 합리적인 소비는 중요하다. 좋은 물건을 싸게 샀을 때의 그 희열감은 또 어떤가. 그런데 지나고 나서 보니 정작 중요한 건 '책값'이 아니라 '우리 아이가 정말 보고 싶은 책'을 잘 고르는 일이었다.

꼭 사야 할 책이라면 너무 비교하지 말고 얼른 사서 많이 읽어주자. 미개봉 전집 싸게 사는 게 남는 장사가 아니라 아이가 관심 가질 때 얼른 책을 사주고 많이 보여주는 게 남는 장사다.

지금 바로 실행하지 않는다면 아이를 생각하는 마음만으로는 아무것도 이룰 수 없다. 책 읽어주기 가장 좋은 때란 언제일까? 책을 어느 정도 갖추고 나서? 책 읽어줄 마음의 준비를 하고 나서?

엄마가 준비하고 고민하는 지금 이 시각에도 아이는 책 말고 더 재밌는 걸 찾아 책과 점점 멀어져 간다. 지금 당장 스마트폰 검색창을 끄고 아이를 무릎에 앉히자.

도서관 책은 최고의 샘플책

"요즘 애들이 무슨 책을 잘 봐요? 추천 좀 해주세요."

도서관에 혼자 오는 부모님들 중 이렇게 질문하는 분들이 적지 않다. 그럴 땐 도서관에 비치된 추천 도서 목록이나 그동안 도서관에서 전시했던 책 목록을 안내해 드린다. 그런데 사실 그럴때마다 진짜 해드리고 싶은 대답은 이거다.

"제발 도서관에 아이를 데려오세요. 그리고 스스로 좋아하는 책을 찾게 두세요."

도서관에는 일주일에 한 번 어린이집이나 유치원에서 견학을 온다. 20분 정도는 도서관에서 준비한 프로그램을 진행하고, 나머지 20분 정도는 아이들이 자유롭게 책을 읽을 수 있는 자유 시간이 주어진다. 이때 도서관에 처음 와 본 아이들이건 몇 번 와본 아이들이건 간에 누구 하나 "선생님 무슨 책 읽어야 할지 모르겠어요. 골라주세요."라고 말하지 않는다. 4~5세 아이들도 책장에서, 북트럭에서, 열람실 바닥 어딘가에서 발견한 책들을 스스로 골라서 본다. 어른들이라면 책 고르는 데 족히 10분은 걸리겠지만 아이들은 그림만 보고서도 1분이면 보고 싶은 책을 고를 수 있다. 그렇게 직접 책을 선택하는 찰나의 순간에서 아이들의 취향을 확인할 수 있다.

'우리 애가 자연 관찰 책을 엄청 좋아하는데 무슨 책을 살까?'

'요즘 역사에 관심을 보이는데 여섯 살 애들이 볼만한 역사책도 있을까?'

'꼬꼬마한글이 한글 시작할 때 좋다는데 잘 보려나…'

고민만 하지 말고 도서관에 가보자. 도서관에는 많은 아이들이 읽으면 좋을 만한 또는 좋아할 만한 책들이 꽂혀 있다. 아이와 함께 가기가 어렵다면 엄마나 아빠가 우선 빌려 가서 아이에게 보여주자. 추천 도서라고 쓰여 있어서 빌려왔더니 아이 반응이 시큰둥할 수도 있고, 생각 외로 대충 고른 책을 아이가 재밌어 할 때도 있다.

도서관에 있는 모든 책이 샘플이라고 생각하자. 엄마의 기대치로 구입한 책은 반품할 때도 상당히 번거롭다. 아니, 반품이 불가할지도 모른다. 그런데 도서관 샘플 책은 반품도 얼마나 간단한지 모른다. 갔다 놓으면 끝이다. 빌려갔다가 바로 들고 와도 아무도 눈치 주지 않는다. 마음껏 읽혀보고 마음껏 테스트해보자.

예전과 달리 요즘엔 도서관도 전집을 많이 구매하는 편이다. 비싼 전집 사기가 부담스럽다면 몇 권 빌려와서 아이의 반응을 살펴보자. 아이가 너무 좋아해서 2주 동안 봤는데도 또 빌려달라고 하는 책은 직접 사서 집에서 실컷 보게 해주자.

아이들과 도서관에 가야 하는 이유

첫째, 책 속의 책을 찾아서 숨바꼭질할 수 있다. 책을 읽다가 책 가장 마지막 면지에 나오는 출판사의 다른 책 소개를 보고 재밌어 보이는 책이 있다면 바로 찾아 읽을 수 있다.

둘째, 아이가 좋아하는 작가, 주제별, 시리즈별로 다양한 책을 탐색해볼 수 있다.

셋째, 또래 친구들이 보는 책을 보면서 책에 흥미를 붙이거나 다양한 자극을 느낄 수 있다.

넷째, 돈 주고 살 수 없는 책들도 볼 수 있다. 그림책을 전지처럼 크게 만든 빅북, 손끝으로 만져보는 점자책, 기관에서 만든 특별한 책 등 출판사나 공공기관에서 도서관에만 기증하는 책들이 꽤 많다.

다섯째, 모든 책을 만져볼 수 있다. 그리고 공짜다.

전집이 좋을까 단행본이 좋을까

한국출판문화산업진흥원의 '2020 출판 산업 실태 조사'에 따르면 아동 도서 매출액은 전년과 비슷했지만 전집 매출액은 50% 감소했다. 이는 어린이책 시장에서 단행본 영역이 점차 확장되고 있음을 반증하는 결과다. 그럼에도 불구하고 전집은 여전히 굳건하게 자리를 지키고 있다. 영유아 두뇌 발달의 결정적 시기를 강조하는 출판사의 마케팅과 많은 책을 두루 읽는 게 아이들의 독서에 도움이 된다는 소비자의 생각이 만나 시너지를 낸 덕분이다.

전집의 영역도 갈수록 세분화 되고, 그림책은 하루에도 수십 권씩 출판되는 탓에 엄마들의 고민은 깊어만 간다. 도대체 무슨 책을 읽혀야 해? 전집이냐 단행본이냐 어떤 책을 먼저 보여줄까?

전집의 장점

1. 가성비가 훌륭하다. 단행본 가격은 평균 만 원 정도인데 전집의 권당 가격을 계산하면 이보다 훨씬 싸다. 손품, 발품을 팔면 얼마든지 더 저렴한 중고 전집도 살 수 있다.

2. 엄마의 시간과 수고를 절약해준다. 재료 하나하나를 일일이 장보고 다듬지 않아도 되는 밀키트처럼 연령별, 영역별로 알아서 구성된 책들을 읽어주기만 하면 되니 편리하다.

3. 아이가 필요로 하는 분야를 파고들 수 있다. 아이가 관심 있어 하는 주제의 탄탄한 전집은 깊고 방대한 정보를 제공함으로써 아이의 호기심을 채워줄 수 있다.

전집을 살 때 발생하는 문제들

1. 아이가 책을 안 보면 본전 생각에 화병이 날 수 있다.

2. 전집 몇 개만 꽂아도 책장이 가득 찬다. 책장을 늘리거나 수시로 책장 갈아주기가 필요하다.

3. 나중에 팔아야 할 때를 생각해서 깨끗하게 봐야 한다는 압박감이 있다.

4. 전집 전체 중에서 항상 보는 책만 본다.

5. 집에 책이 많아도 읽어줄 책이 없는 기분에 또 다른 책을 사볼까 기웃기웃하게 된다.

6. 이미 골라진 책만 보게 되어 아이가 수동적인 독서를 할 가능성이 있다.

단행본이 좋은 이유

1. 단행본은 한 작가가 자기 이름을 걸고 긴 시간을 들여서 만든 책이다. 작가만의 개성이 듬뿍 담겨 있어 창의성이 뛰어나다.

2. 책을 고르는 엄마의 안목을 키울 수 있다. 자꾸 고르다 보면 어느 작가의 책은 어떤 특징이 있는지 어떤 출판사는 어떤 분위기의 책이 많은지 등 책에 대한 감이 생긴다.

3. 두고두고 보는 아이의 인생 책을 찾을 수 있다. 아이에게 홈런이 되어줄 홈런책 한 권이 몇십 권의 책보다 더 아이의 독서 성장에 힘이 되어준다.

기준은 책이 아니라 우리 아이

위에서 전집과 단행본의 장단점을 적어두었지만, 이것 역시 똑떨어지는 기준이라고는 볼 수 없다. 각자 아이의 취향이나 생활 환경이 다르므로 그에 따라 선택하면 된다.

단행본을 고르는 데 시간이 너무 오래 걸리고 힘들면, 좀 비싸더라도 시간 절약한 셈 치고 전집을 사면 된다. 수십 권 전집을 사도 그 가운데서 단 몇 권이라도 아이가 알차게 보는 게 만족이라고 생각되면 그렇게 하면 되는 것이다. 책을 고르는 데 있어서 책이 중심이 되면 안 된다. 그러면 10가지 100가지 장단점을 들으면 그 말에 귀가 팔랑거릴 수밖에 없다. 사실 이건 단행본이고 이건 전집이고 하면서 구분해서 보는 아이는 없다. 아이들에게는 재밌는 책, 재미없는 책만 있을 뿐이다. 그게 전집이든 단행본이든 아이가 좋아하는 마음으로 보는 책은 다 좋은 책이다.

우리 집의 경우 내가 그림책을 좋아하는 탓에 단행본 위주로 책장을 채우려고 애썼지만 때때로 물려받거나 산 전집 역시 아이들은 열광했다. 바바파파 전집은 첫째에 이어 둘째까지 좋아해서 본전을 뽑고도 남았고, 우리북스 과학전집은 엄마표로 활용하기 쉬운 실험 키트가 있어 과학 실험을 좋아하는 아이의 욕구를 채울 수 있었다.

좋은 책을 고르는 기준은 '책'이 아니라 '아이'라는 걸 명심하자.

엄마의 선택을 돕는 단행본·전집 고르는 팁!

1. 창작은 단행본, 지식 정보책은 전집 위주로 사되 아이가 커갈수록 단행본 비중을 높여간다. 다양한 그림책을 통해 아이 내면의 토양을 다지고, 전집을 통해 사물과 주변 세계에 대한 지적 호기심을 채워주자. 그리고 점점 아이가 스스로 취향에 맞는 책을 고를 힘을 키워주자.

2. 시리즈물로 전집을 대체한다. 시리즈물이란 『엉덩이 탐정』, 『무지개 물고기』 시리즈처럼 한 명의 작가 또는 한 가지 주제가 시차를 두고 계속해서 발행되는 것을 말한다. 도서관에서도 전집은 다 구비할 수 없지만, 시리즈물은 웬만하면 구비를 한다. 왜냐면 보통 10권 내외인 경우가 많아 금액의 부담이 적고 책장 자리를 적게 차지한다. 또 서점에서 낱권 구매가 가능해 낡거나 분실한 책을 새 책으로 교체할 수 있다는 장점이 있다.

3. 도서관에 소장된 전집으로 테스트해보자. 옛날보다는 전집의 가격이 저렴해지고 도서관 수도 늘어나면서 도서관 전집 보유량도 늘어났다. 살까 말까 고민되는 전집이 도서관에 있다면 먼저 빌려서 아이의 반응을 살펴보자.

4. 아이의 성향을 고려할 때 전집이 더 효율적인 아이는 다음과 같다.
   - 하루에 많은 책을 읽고 싶어 하는 아이, 다독이 필요한 아이
   - 한 분야를 집중적으로 알고 싶어 하는 아이
   - 1번부터 차례대로 주르륵 읽기 좋아하는 아이

- 개성 강한 단행본에 유독 흥미가 없는 아이

전집 구매가 부담스럽다면 대여점을 이용하자

'마음에 드는 전집이 있어도 가격 때문에 사기가 망설여진다.'

'서점에 가서 꼼꼼히 살펴볼 시간이 없다.'

'중고 전집을 구매하고 다시 되파는 시간과 비용을 생각하니 이것도 만만치 않다.'

이런 생각이 든다면 책 대여점을 이용하는 것도 방법이다. 대여점을 이용해보니 원하는 기간만큼 대여해서 아이의 반응을 충분히 살펴볼 수 있다는 점, 책 처분이나 책장에서 어떤 책을 방출해야 할지 고민하지 않아도 된다는 점이 좋았다.

대여 사이트에는 연령별, 주제별로 사람들이 많이 이용하는 인기 있는 전집이 소개되어 있다. 살펴보고 클릭만 하면 바로 집으로 배달된다. 원하는 기간만큼 볼 수 있고, 다 보고 나서도 문 앞에 두기만 하면 반납되니 편리하다.

처음부터 연간회원권을 끊는 건 추천하지 않는다. 의욕이 앞서 연간회원권을 끊고 1년 동안 몇 번 이용하지 못하는 경우가 생길수도 있으니. 일단 한두 번 체험해본 후 본전을 뽑을만하다고 생각되면 그때 결제하자.

TIP. 🖊️ **인터넷 전집 대여점**

- 리틀코리아 www.littlekorea.co.kr

- 맘스북 www.momsbook.net

- 위드북 www.withbook.org

- 리브피아 www.libpia.com

우리 아이 취향 저격 단행본 고르기

세상에는 좋은 책도 많고 추천 도서라고 불리는 책도 너무나 많다. 그림책의 고전이라 불리는 스테디셀러, 베스트셀러 그림책이 좋은 책일까? 물론 그럴 확률이 높다. 하지만 그 책들은 모두에게 좋을 수도 또는 나쁠 수도 있다. 왜? 아이 각자의 성격과 배경이 모두 다르기 때문이다. 중요한 건 좋은 책 중에서 옥석을 가려 우리 아이와 나만의 목록을 갖추는 일이다. 그럼 우리 아이에게 맞는 좋은 책을 고르는 기준은 무엇일까.

첫째도 둘째도 아이가 좋아하는 주제

아이가 아주 어릴 때는 엄마가 골라주는 대로 곧잘 보지만 점점 자라면서 아이도 자기 취향이 생기기 시작한다. 네 살인 조카는 비행기를 너무 좋아해서 주말이면 아빠와 비행장 가는 게 일과이다. 비행기 모양만 보고도 '아시아나, 제주에어'라고 또박또박 말하는 모습만 봐도 얼마나 좋아하는지 짐작이 갔다. 그런데 정작 조카 방에 가장 많이 꽂혀있는 책은 자연 관찰 책이었다. 그래서 첫째가 일곱 살 때 좋아하던 『궁금해요 비행기 여행감/시공주니어』 책을 조카에게 선물로 주었다. 사실 이 책은 4살이 보기에는 글도 많고, 비행기 구조나 원리를 설명하는 어려운 내용도 실려 있다. 그렇지만 자기가 좋아하는 비행기에 관한 이야기가 자세하게 나오는 것만으로도 책은 조카의 마음을 뺏기에 충분했다. 지금까지는 비행장 밖에서 하늘을 올려다봤지만, 책을 읽으며 비행기 내부나 공항 안의 모습까지 상상할 수 있게 된 것이다. 책을 통해 비행기를 타지 않아도 아이와 함께 직접 공항에 가보는 간접 체험을 해볼 수도 있다. 이런 경험을 겹겹이 쌓으면서 아이는 책의 경계를 자유롭게 넘나들고 책 너머의 세계까지 상상하게 된다.

도서관에서 부모님들을 대상으로 하는 독서교육 프로그램을 운영해보면 종종 아이에게 책 읽는 습관을 만들어주고 싶은데 책을 너무 싫어한다고 하소연하시는 분들이 있다. 과연 아이에게 어떤 책을 보여줬는지 생각해볼 일이다. 아이들은 자기가 좋아하는 책은 시키지 않아도 본다. 책을 싫어하는 아이도 그 아이가 좋아하는 분야로 접근하면 충분히 책 읽는 아이로 만들 수 있다.

아이가 좋아하는 책 내용이나 분위기

　아이들의 책 취향에는 주제뿐만 아니라 책의 내용이나 분위기도 포함된다. 그림책을 보더라도 화려하고 선명한 그림을 좋아하는 아이, 수채화처럼 잔잔한 그림을 좋아하는 아이, 실사 위주의 그림을 좋아하는 아이 등 모두 다 다르다. 감동적이고 따듯한 내용을 좋아하는 아이가 있고, 코믹한 내용을 좋아하는 아이도 있다. 또 기승전결이 뚜렷한 사건 위주의 책이나 반전이 있는 이야기를 유독 좋아하는 아이도 있다. 아이가 어떤 책에 반응하는가?

　우리 아이가 어떤 걸 좋아하는지 도통 모르겠다면 우선 다양한 책을 접할 수 있게 해주자. 조급하게 생각하지 말고 아이와 천천히 이런저런 책을 읽다 보면 감이 오는 때가 있다. 엄마의 감을 믿어보자. 아이와 책 읽기를 계속하다 보면 유독 '이 작가 책을 좋아하네', '이 출판사 책을 좋아하네', '일본 작가가 쓴 책들을 주로 재밌어하네.' 같은 생각이 들 때가 있을 것이다. 이런 경우에는 도서관에서 책 빌려 보기를 추천한다.

　도서관에는 작가별로 나라별로 책이 모여 있다. 아이가 좋아하는 책의 언저리에서 비슷한 취향의 책을 발견하는 기쁨을 느껴보자. 그렇게 빌려다 준 책을 읽어줬을 때 아이의 입에서 "엄마가 빌려오는 책은 다 재밌어."라는 말이 절로 나오게 될지도 모른다.

아이의 상황에 딱! 연결 고리가 있는 책을 찾아라

기저귀를 떼기 시작한 아이에게는 배변 훈련과 관련된 책을, 자신감이 부족한 아이에게는 자존감을 높여주는 책을 연결해주자. 때로는 잘 고른 그림책 한 권이 유명한 육아서보다 훨씬 더 큰 힘을 발휘한다. 책을 통해 직간접적인 경험을 한 아이는 앞으로도 어려움이 닥칠 때마다 책 속 문장에서, 책 속 주인공을 통해서 그 해답을 찾고자 할 것이다.

세상에 나쁜 책은 없다

첫째는 일곱 살이 되자 전래동화에 흠뻑 빠져들었다. 깔깔거리며 혼자 읽기도 하고 읽어달라고 가져오기도 했다. 책을 읽어주다 보면 어떤 그림책은 너무 슬퍼서 아이에게 너무 무거운 감정을 전달하는 건 아닐까 걱정될 때가 있다. 또 전래동화를 읽어주다 보면 섬뜩한 장면이 불쑥불쑥 나오기도 하고, 요즘 시대와는 맞지 않는 성 역할 고정 관념이나, 흑백 논리처럼 나눠진 인과응보적인 결말 때문에 이걸 아이한테 읽어줘야 하나 말아야 하나 고민이 될 때도 있다.

『독이 되는 동화책, 약이 되는 동화책_{을유문화사}』에서 한복희 저자는 아이들이 자라면서 드러나는 온갖 본능적인, 때로는 천박하고 파괴적인 부분을 어느 정도 허용해야 한다고 말한다. 아이들이 무의식적으로 드러내는 나쁜 감정들을 억압하고 막았을 때 오히려 나중에 이를 표현할 길이 없어 더 심각한 문제가 생길 수도 있기 때문이다. 또 소설가 김영하는 미리 책을 통해 잔인한 것도 간접적으로 체험하고 생각해볼 수 있기 때문에 아이들에게 전래동화가 필요하다고 했다.

책은 아이들에게 무엇이 아름답고 소중하며 또 슬픈 것인지를 간접 경험을 통해 알려준다. 『공부보다 공부그릇 더디퍼런스』의 심정섭 선생님도 결혼식장보다 장례식장에 아이를 데려가라고 말한다. 세상의 밝고 어두운 면과 이별의 모습을 두루 보고 아이들이 스스로 질문할 수 있는 기회를 주라는 것이다. 물론 고정 관념이 너무도 뚜렷한 책, 아이 나이에 비해 너무 충격적인 내용이 나오는 책은 거르는 것이 필요하다. 하지만 무조건 예쁘고 고운 말이 나오는 책, 교훈적인 이야기가 담긴 책, 밝고 아름다운 그림책만 보여주는 게 최선일까? 우리가 직접 알려주고 얘기해줄 수 없는 것, 보여줄 수 없는 것을 대신 이야기해주고 보여주는 것이야말로 책의 중요한 역할 중 하나다.

어떻게 읽어줄 것인가

01

책은 하루에 얼마나, 몇 권을 읽어줘야 할까

1천 권 독서법, 1만 권 독서법 등 치열한 독서가 화제다. 모든 학생이 입학해서 졸업할 때까지 1천 권을 읽는 초등학교가 있다는 기사를 보고 깜짝 놀란 적도 있다. 어릴 적 우리 집에는 책이 많이 없었지만, 학교에 가면 매일 책 읽어주는 선생님이 계셨다. 초등학교 6학년 담임 선생님은 수업을 마치기 전에 항상 책(이야기)을 읽어주셨다. 그 시간만큼은 50명이 넘는 아이들이 모두 귀를 쫑긋 세우고 집중했다. 읽는 독서는 못 했을지 몰라도 듣는 독서는 1년 동안 실컷 할 수 있었다.

생각해보면 선생님이 책을 읽어주신 시간은 하루 30분이 채 안 됐다. 책 한 권을 다 읽는데 3~4일이 걸렸으니 정작 하루에 한 권도 읽지 못한 셈이다. 그리 길지 않은 선생님의 책 이야기가 어째서 하루 중 우리 반 아이들의 가장 기다리는 일과가 되었을까? 그건 선생님의 이야기 시간이 '매일' 한결같이 열렸기 때문이다. 뒷이야기가 궁금해도 수업 시간이 끝나면 선생님의 이야기도 끝이 났다. 아이들은 아라비안나이트 이야기 속 아랍 왕처럼 내일을 기다렸다.

많은 학자는 하루 15분 책 읽어주기의 힘을 강조한다. 왜 15분일까? 하루 24시간의 1%가 15분이기 때문이다. 하루 중 단 1%만 시간을 내서 꾸준히 책을 읽어주자는 것이다. 15분이면 천천히 그림책 두 권 정도를 읽을 수 있는 시간이다. 하루 두 권을 매일 읽는다면 1년에 730권을 읽는 셈이다. 하루 5분, 단 한 권이라도 매일 읽어주는 게 주말에 몰아서 열 권씩 읽어주는 것보다 훨씬 수월하다. 공자의 말 중에 산을 움직이려 하는 이는 작은 돌을 드러내는 일로 시작한다는 말이 있다. 아이들이 처음부터 책 한 권을 집중력 있게 읽기는 어렵다. 긴 줄글을 엉덩이 딱 붙이고 읽어내는 엉덩이 힘도 저절로 길러지는 건 아니다. 처음에는 짧은 이야기책 한 권, 그림책 한 권이 시작이다. 그게 차곡 차곡 쌓여 우리 집 책 곳간이 두둑하게 채워지는 거다.

유아기 아이들에게는 책은 재밌는 거라는 생각을 심어주는 것만으로도 충분하다. 한때 나도 아이가 유치원에서 독서 통장을 받아오자

칸 채우기에 급급했던 때가 있었다. 빨리 읽고 권수 채우는 데만 신경 쓰다 보니 쉽고 금방금방 읽을 수 있는 책만 읽어주게 되었다. 좋은 책을 고르고, 아이와 책 이야기를 나누는 시간은 모두 사치였다. 그런데 그렇게 읽은 책은 아이도 오래 기억하지 못했다. 아무리 많이 책을 읽너라도 내일, 한 달 후, 1년 후 책 제목이나 주인공 이름을 듣고도 전혀 머릿속에 떠오르는 게 없다면? 책을 읽은 게 아니라 글자를 읽은 것 그 이상도 그 이하도 아닌 게 되고 마는 것이다.

『공부머리 독서법^{책구루}』에서도 최승필 저자는 슬로리딩을 강조하면서 '독서의 효과는 책을 읽는 과정에서 얼마나 많은 사고를 할 수 있느냐에 달렸다.'며 '책 속에 담긴 논리와 정보, 작가의 의도를 충실히 파악해내면서 읽으면 단 한 권으로도 큰 효과를 볼 수 있다. 그 책 한 권을 통해 할 수 있는 사고의 극대치를 했기 때문이다.'라고 말한다.

재밌는 책은 아이가 읽고 또 읽는다. 책을 좋아하는 아이로 키우고자 한다면 많은 책이 아니라 책을 매일 볼 수 있도록 하는 게 훨씬 좋다. 잠자리 독서를 하는 것도, 책 읽는 분위기를 만들어주는 것도 결국 책 읽는 습관을 들이기 위함이다. 『습관 홈트^{스마트북스}』의 저자 이범용 씨는 매일 책 두 쪽 읽기, 글 두 줄 쓰기, 팔굽혀펴기 5회처럼 작은 목표를 매일 실천함으로써 자신의 책을 두 권이나 낼 수 있었다고 한다. 하루 5분, 하루 한 권이라도 괜찮다. 작게 시작하자. 독서는 좋은 친구이자 평생의 나침반이지 끝내야 하는 숙제가 아니다.

책 읽어주기 요령 : 스킬 편

아이들이 좋아할 만한 그림과 이야기가 가득한 보물상자 같은 책도 가만히 두면 효력을 발휘할 수 없다. 표지를 보고 만져보고 싶은 충동, 어떤 이야기가 들어 있는지 궁금한 마음, 책 속 그림만 봐도 저절로 뭔가가 상상하게 되는 그런 마음들이 책을 향할 때 아이와 책이 비로소 연결된다. 이런 모든 마음이 바로 호기심이다. 호기심이 작동할 때 책은 더 이상 낯설고 딱딱한 대상이 아닌 친근하고 만만한 대상으로 바뀌게 된다. 여기서는 우리 아이의 호기심을 1단계 올려줄 간단한 팁을 소개한다.

아이의 호기심을 이끄는 팁 5가지

1. 우리만의 시작 구호 만들기

도서관에 견학 오는 유치원 선생님들의 공통점을 아는가? 그건 바로 아이들에게 책을 읽어줄 때 모두 똑같은 시작 노래를 부르는 거다. "준비됐나요~ 시작할까요~" 하고 멜로디를 넣어 노래하면 아이들 모두 입을 모아 "네~ 선생님!" 하고 큰소리로 대답했다. 별건 아니었지만, 그 노래 하나가 주위도 환기시키고 아이들을 집중시켰다. 아이가 어릴 때는 '여우야 여우야 뭐하니' 노래를 변형해서 "애지야 애지야 뭐하니~ 책 읽어줄까~" 하고 노래를 부르면서 아이에게 먼저 다가가면 아이도 기분 좋게 웃으며 다가왔다. 한번은 『두드려 보아요 안나 클라라 티돌름/사계절출판사』책을 보다 책 표지에 노크를 하는 아이디어가 떠올랐다. 읽어주려는 책 표지에 노크를 하면서 "똑똑. 이 책으로 들어가도 될까요?" 하고 아이에게 물어봤다. 그랬더니 "엄마, 내가 괜찮으면 오케이라고 할게. 기다려~"라며 신나게 응답했다. 책 읽어주기는 시작부터 즐거워야 한다. 그 시작을 알리는 아이와 나만의 구호를 외치며 책 속으로 신나게 들어가 보자.

2. 책의 외모와 나이를 알려준다

사람에게도 신상 정보가 있듯이 책에도 저마다의 이름과 나이, 주소가 있다. 매번은 아니더라도 가끔은 책 표지, 제목, 지은이, 출판사를 같이 읽어주자. 몇 번 반복하다 보면 아이도 나중에는 "어? 저번에도 들어본 이름 같은데?" 하고 작가 이름을 기억해 낼지도 모른다. 그다음엔 책 표지를 보면서 "무슨 내용일까?", "이 책 표지 어때?" 하고 물어보면서 책에 대한 궁금증을 심어준다. 『리디아의 정원 사라 스튜어트, 데이비드 스몰/시공주니어』이나 『도서관 사라 스튜어트, 데이비드 스몰/시공주니어』처럼 책을 펼치면 앞표지와 뒤표지가 서로 연결되어 하나의 그림이 되는 책들도 있다. 표지가 독특한 책은 본문을 읽기 전에 그림을 보면서 제목도 맞춰보고 왜 제목을 이렇게 지었을까 이야기도 해볼 수 있다. 책이 출판된

출판 년을 알려주는 것도 좋다. 이때 아이의 나이와 비교해서 알려줘 보자. 가령 어떤 책이 2010년에 출판되었다면 "이 책은 지금 열한 살이야. 너보다 세 살이나 많은 형아네." 하는 식으로 말이다. 아이가 자기 나이를 알게 되는 시기부터 이렇게 이야기해주면 더 좋아한다.

3. 책장 넘기기는 아이의 역할이다

어린아이들은 집중력이 현저히 짧다. 책을 읽어주고 있으면 자기가 먼저 책장을 넘겨버리기도 하고, 읽다가 휙 하고 사라져버리기도 한다. 당황하지 말자. 이럴 때 굳이 아이가 넘긴 책장을 다시 돌려서 "봐봐. 여기 다시 들어봐." 하고 읽어주는 우를 범하지 말자! 아이가 책장을 넘겼다는 건 그 부분이 조금 지루하다는 뜻일 수 있다. 그럴 때는 재밌는 페이지로 가서 또 읽으면 된다. 책을 읽다가 중단하면 또 어떤가. 아이와 모든 책을 완독할 수 없다는 걸 인정하고 쿨하게 넘어가자. 오늘 읽다가 멈췄으면 내일 다시 이어서 읽어주면 된다.

4. 엄마가 지어서 읽어준다

"엄마들이 가장 무시하는 그림책이 뭔지 아세요?" 예전에 한 그림책 작가분의 질문을 들은 적이 있다. 그건 바로 글자 없는 그림책이었다. 엄마들은 글자가 없는 책을 무서워서 보려고 하지 않는데 그걸 우스갯소리로 무시한다고 표현한 것이다. 글자가 없으니 어떻게 읽어줘야 할지 몰라 아예 제외시키는 책이 글자없는 그림책이란다. 우리는 왜 글자를 다 읽어주고 싶은 걸까? 글을 통해서 정보를 전달하거나 교훈을 주려는 의도가 무의식중에 있기 때문이다. 그런데 안타깝게도 그런 의도가 담길수록 책을 듣는 사람은 더 지루하게 느낄 수 있다.

책이 꼭 답을 줘야만 하는걸까. 생각 주머니가 자라나는 아이들에게는 답보다 질문을 던져주는 책이 더 필요하다. 특히 그림책은 글과 그림이 만나 하나의 장면을 연출한다. 글이 그림을 다 설명하지도 않고, 그림이 글을 다 보여주지도 않는다. 책 속 그림은 아이가 처한 그때그때의 상황이나 마음 상태에 따라 다르게 다가온다. 우리 아이가 책 속 주인공에게 홀딱 빠져들 수 있게 엄마가 살짝 살짝 상황이나 대상을 바꿔서 읽어주면 아이는 책에 더욱 몰입할 것이다.

이런 경우도 있다. 그림은 충분히 이해할 만한데 글자가 아이의 수준보다 어렵다. 그럴 때는 아이와 그림만 보면서 이야기를 나눠보자. 어려운 단어는 친숙한 말로 바꿔서 읽어주는 게 좋다. 책에 있는 글자 하나하나를 그대로 읽어주는 것만큼 지루한 책 읽기도 없을 것이다. 읽는 사람이 먼저 책에서 재미를 느껴야 듣는 사람도 그 재미를 전달받게 된다는 걸 잊지 말자.

5. 아이와 밀당하면서 읽어준다

'큰일 났다. 꿀꿀이는 급히 녹색 사탕을 입에 넣었어요. 그러자…' 색깔이 있는 사탕을 먹을 때마다 신기한 능력이 생기는 『신기한 사탕^미 아니시 타츠야/계수나무』책의 한 페이지는 이런 식으로 끝이 난다. 다음 장 내용이 너무도 궁금하다. 아니, 그다음엔 어떻게 됐다는 걸까? 궁금함은 아이들을 움직이게 한다. 때로는 책을 읽다가 잠시 멈추고 "그래서 어떻게 됐을까?" 하고 뜸을 들인다든지, 클라이맥스 부분을 남겨두고 일부러 "여기서부터는 내일 읽자."라고 해보자. 그러면 아이는 빨리 더 읽어달라고 조르거나 엄마 손에서 책을 빼앗아 서둘러 책장을 넘겨 볼 것이다.

03

책 읽어주기의 요령 : 마인드편

아이가 어릴 때는 책을 읽어주면 읽어주는 대로 반응하는 아이의 모습이 마냥 귀엽기만 했다. 하지만 아이가 커갈수록 책의 글밥도 많아지고 한 번에 읽는 책도 늘어났다. 나는 계속 목이 아프고 피곤했다. 그러다 아이가 한글에 관심을 가지기 시작하니 '얼른 한글 좀 뗐으면, 그래서 혼자서 좀 읽었으면' 하는 마음이 생겼다. 휴직 중 아이와 종일 붙어 있을 때는 잠시라도 아이와 분리되고 싶었고, 일할 때는 집에 돌아오면 좀 쉬고 싶다는 생각이 간절했다.

책에 흥미가 없던 둘째는 붙잡아 옆에 앉히는 것부터가 힘이 들었고, 책을 좋아하는 첫째는 자꾸 같은 책을 읽어달라는 통에 힘들었다. 그런데도 책 읽어주는 것 말고 다른 건 더 힘들었기 때문에 책을 읽어주었다. 그때 내가 마음먹었던 건 딱 네 가지였다. 덕분에 계속해서 책읽어주는 엄마가 될 수 있었다.

책 읽어주는 엄마가 가져야 할 마인드 네 가지

1. 잘 읽어주려고 하지 말자

책 잘 읽어주는 특별한 방법을 찾아 고민하거나 망설이지 말자. 가만히 앉아 있지 못하는 아이에게는 노래도 부르고 손뼉도 치면서 엄마도 움직이며 책을 읽어준다. 그림 그리는 걸 좋아하는 아이와는 책에 색칠도 하고 낙서도 하면서 읽어본다.

우리 아이의 성격이나 취향을 생각해보고 아이와 책 읽는 방식을 맞춰 가보자. 나중에는 엄마 컨디션에 따라 책 읽어주기의 강약을 조절하는 요령도 생기게 된다. 처음부터 책을 좋아하고 잘 읽는 아이는 없다. '가만히 두면 언젠가는 스스로 책을 읽겠지…' 하는 생각은 크나큰 착각이다. 엄마 마음 내킬 때만, 시간 여유가 있을 때만이 아니라 꾸준히 읽어줘야 아이도 책 보는 게 자연스러워진다. 그러려면 너무 애쓰지 않아야 한다. '자기 전에 한 권은 꼭 읽어줘야지.' 하는 마음 정도면 충분하다.

책 읽는 습관은 일상 속에서 자연스럽게 스며드는 게 되어야지 힘들여가며 억지로 만드는 게 되어서는 안 된다.

2. 준비하지 말자

읽던 책, 있던 책장을 활용하자. 아이는 책이 바닥에 있건 회전 책장에 있건 크게 관심 없다. 그저 잘 보이는 곳에 있는 책을 편한 자세로 읽고 싶어 할 뿐이다. 엄마 무릎이 아이에게는 최고의 책상이고 독서대다.

3. 책을 읽고 뭘 꼭 남기려고 하지 말자

일본의 그림책 전문가 마쓰이 다다시는 아이들에게 있어서 그림책은 '이롭다'든가 '유효한' 것이라는 인식 이전에 즐거움이어야 하며, 그렇기 때문에 무엇을 가르치려 하기 전에 즐기도록 하는 게 매우 중요하다고 말한다. 엄마의 의도와 욕망이 들어가는 순간 책 읽기는 재미없는 게 되고 만다. 책 읽기에 정답은 없다. 엄마가 가진 정답을 기대하다 보면 엄마의 사심을 넣어 책을 읽어주고 질문하게 된다. 책으로 아이를 어떻게 바꿔볼까 고민하지 말고 우리 아이가 이 책을 읽고 어떤 생각을 가지게 됐는지 들어보자. 언제든 책이 중심이 아니라 내 아이가 중심이라는 것을 기억하자.

4. 즉각적인 피드백을 기대하지 말자

'책 이만큼 읽어줬으니 말은 빨리하겠지.' '책 몇 년 읽어줬으니 한글은 빨리 떼겠지.'

기대만큼 결과가 빨리 나오지 않으면 화가 나거나 금방 지치게 된다.

아이마다 저마다의 속도가 있고 아웃풋이 나타나는 때가 다 다르다. 말하기를 배우는 데도 꼬박 몇 년이 걸리는데 아이가 책을 스스로 읽고 이해하는 일이란 하루아침에 되는 게 아니다. 아이는 엄마의 믿음을 먹고 자란다. 지금 읽어주는 책들이 아이가 자라는데 반드시 피가 되고 살이 되리라는 걸 믿자. 아이가 기억하지 못하더라도 누가 알아주지 않더라도 책을 읽어주는 동안 내가 기억하는 나와 아이의 소중한 추억은 그 자체로도 얼마나 값진 것인지 생각해보자.

아이가 어렸을 때는 책을 읽어주나 안 읽어주나 그냥 제자리인 것 같은 하루가 지겹다고 느껴지기도 했다. 그런데 한 달이 지나고 일 년이 지나 육아 일기장을 펼쳐보니 '아이가 박수를 쳤다', '책에서 나온 그림을 밖에서 기억해냈다'처럼 아이의 작은 변화가 한 줄 한 줄 적혀 있었다. 나는 그 한 줄을 적으며 조금 행복했던 것 같다.

'초중고 학생의 어린 시절에 부모님이 그림책을 자주 읽어준 경우 그렇지 않은 경우보다 독서량이 더 많다'는 국민독서실태조사[2019]의 결과가 말해주듯 어린 시절 책 읽어주기는 앞으로의 긴 독서 여정의 출발점이 된다. 책을 보라고 권하는 엄마는 많지만 직접 읽어주는 엄마는 많지 않다. 책을 읽어주는 엄마의 정성과 믿음으로 아이는 10년 뒤, 15년 뒤에 더욱 반짝반짝 빛이 날 것이다.

책 읽어주는 도중 질문하는 아이 대처법

책을 읽어주다 보면 불쑥 불쑥 아이가 질문을 해올 때가 있다. 당연하게 안다고 생각했던 말을 아이가 모른다고 할 때도 있고, 뭐 이런 것까지 물어보나 싶을 정도로 사소한 질문을 던질 때도 있다. 제일 난감할 때는 나도 딱히 뭐라고 설명해야 할지 잘 모를 때다. 솔직히 책을 읽어주는 입장에서는 중간에 흐름을 끊는 질문이 달갑지만은 않다. 누가 내 말을 중간에서 끊는 기분이랄까. 책을 읽어줄 때, 특히 그 책 내용을 아는 경우 우리는 책 전체를 온전히 전달하고 싶은 마음이 커진다. '조금만 더 읽으면 바로 뒤에 진짜 중요한 내용이 나오는데…', '이 책이 얼마나 재밌는데 왜 엉뚱한 데에 꽂혀서 계속 물어보지?'와 같은 생각은 엄마의 판단이지 아이의 생각이 아니다. 그럼 아이의 질문에 모두 답해줘야 하는 걸까? 그랬다간 하루 한 권도 제대로 읽기 힘들 것이다.

질문의 종류에 따라 반응해주기

책 읽는 도중 아이가 질문을 한다면 질문의 종류에 따라서 바로 대답하거나, 나중에 설명해 주거나 둘 중에 하나를 선택해야 한다. 만약 아이의 질문이 책을 읽어나가는 데 꼭 필요한 중요한 질문이라면 바로 답해준다. 백설공주 책을 읽어주고 있다고 해보자. 아이가 중간에 독사과가 뭐냐고 물어본다면? 독이 들어서 먹으면 죽을 수도 있는 사과라고 즉시 알려주자. 그런데 책 내용과 관련이 없는 엉뚱한 질문을 하는 경우도 종종 있다. '사과에 독을 넣었는지 안 넣었는지 어떻게 알아?', '근데 저번에 할머니 집에서 가져온 사과 어디서 샀어?' 같은 뜬금없는 질문을 한다면 어떻게 해야 할까. "우리 있다가 한번 같이 알아볼까?" 하고 나중에 답해주거나 "글쎄 말이야. 읽다 보면 뒤에 그 내용이 나오려나?" 하고 스리슬쩍 넘어가는 게 좋다. 자칫하면 엉뚱한 질문들이 꼬리에 꼬리를 물고 한없이 늘어질 수 있기 때문이다.

정답을 알려줘야 한다는 생각을 버리자

아이의 질문에는 가치 판단이 필요하거나 상식만으로는 대답해줄 수 없는 지식을 요구하는 질문이 있을 수도 있다. 그럴 때 바로 스마트폰을 꺼내서 네이버를 검색한다면? 아이는 네이버가 모든 정답을 알려준다고 착각할지도 모른다. 조사가 필요한 질문이라면 아이와 함께 답을 찾아보자. 모르는 단어라면 사전을 함께 찾아보고, 책에 나오지 않는다면 어디에서 찾으면 좋을지 이야기를 나눠보자. 그런 과정이 정답을 알아내는 것보다 아이의 성장에 더 필요한 부분이다.

과학그림책『모른다는 건 멋진 거야 아나카 해리스, 존 로/아름다운사람들』에서 딸과 엄마가 나누는 대화는 아이의 질문에 어떻게 답해야 할지 잘 알려준다. 아이가 질문해올 때 엄마가 꼭 정답을 제시해 줄 필요는 없다. "진짜 왜 그럴까?", "엄마도 진짜 궁금하네.", "어떻게 그런 생각을 했어? 엄마는 생각도 못 했는데."처럼 아이에게 맞장구만 쳐주어도 아이는 자기에게 관심을 가져줬다는 데 일단 만족한다. 그리고 엉뚱한 상상을 하며 자기가 한 질문에 대해 스스로 답을 찾아보려고 애를 쓰기도 한다. 정답이 없는 질문이 좋은 질문이라는 말이 있다. 답을 찾기 위해 엄마와 나눴던 대화 속에서 아이는 책에서 발견하지 못했던 또 다른 답을 발견할지도 모른다.

다양한 추천 도서 사이트

추천 도서가 꼭 정답은 아니지만 신뢰성 있는 추천 도서 사이트는 든든한 책 창고 역할을 한다. 여기에서 소개하는 사이트는 실제 도서관 현장에서 가장 많이 참고하는 역사가 오래된 곳들이다. 인터넷 서점의 방대한 책 속에서 어떤 책을 고를지 고민이라면 전문가들이 엄선한 추천 책과 큐레이션이 있는 아래의 사이트를 참고해보자.

● 어린이도서연구회 www.childbook.org

해마다 좋은 어린이 책을 골라 소개하고 바람직한 독서 문화를 가꾸기 위해 활동하는 비영리 시민 단체이다. 사이트에서 매년 추천하는 도서 목록을 볼 수 있으며 매달 새로 나온 책과 독서 교육 관련 기사들을 접할 수 있다.

● 행복한아침독서 www.morningreading.org

아침 독서 운동을 널리 알리고 어린이와 청소년 독서 운동에 필요한 일들을 연구하고 실천하기 위해 설립된 공익적 성격의 비영리 법인이 운영하는 사이트이다. 『아침독서신문』, 『월간 그림책』, 『동네책방동네도서관』을 발간하고 사이트에서 볼 수 있도록 공유한다. 매년 올해의 영유아 추천 도서 목록을 다운로드할 수 있다.

• 오픈키드 www.openkid.co.kr

2018년까지 웹진 『열린어린이』를 발행하며 좋은 어린이 책 보급에 힘쓰고 있는 어린이 책 전문 온라인 서점으로 연령별, 분야별, 주제별, 교과 관련 도서, 선물용 도서 등 다양한 분야의 추천 도서를 손쉽게 찾아볼 수 있다.

• 북스타트코리아 www.bookstart.org

'꾸러미 도서' 카테고리에서는 북스타트코리아에서 연령별로 선정한 영유아 그림책 목록을 볼 수 있다. 도서관에서 운영하는 영유아 책 놀이도 이 책들로 활용하니 영유아 단행본이 궁금하다면 이 사이트를 적극 이용하자.

• 그림책박물관 www.picturebook-museum.com

방대한 그림책들을 주제별, 연도별, 작가별, 나라별, 제목별로 다양하게 분류해 놓았다. 각종 기관들의 추천 그림책과 수상작들도 일목요연하게 정리되어 있다. 이름 그대로 그림책의 박물관 같은 사이트이다.

• 가온빛 www.gaonbit.kr

좋은 그림책을 소개하는 그림책 놀이 매거진으로 이달의 그림책을 추천하고, 테마 그림책, 수상 그림책을 소개한다.

유아기 시절의 책은 중요한 의미를 갖는다. 아무 조건 없이 순수한
마음으로 책을 실컷 읽을 수 있는 것도 이때만이 누릴 수 있는 혜택
이다. 아이가 점점 커가면서 그때마다 새로운 과제에 부딪히기도 하
고, 넘쳐나는 책 중에 어떤 책을 어떻게 읽어줘야 할지 고민스럽기도
하다.

이 장에서는 그동안 아이들에게 책을 읽어주며 했던 고민들과 알게
된 것을 정리해보았다. 물론 아이마다 발달이나 특성이 모두 다르기
때문에 여기에 안내된 내용이 모든 아이에게 꼭 맞을 수는 없다. 다
만 이 가이드가 책육아라는 강을 건널까 말까 망설이고 있는 엄마들
에게 작은 징검돌이 되었으면 한다.

Chapter 2

두근두근 아이도

엄마도 함꼐

성장하는 책육아

돌 전부터 책을 읽어줄 수 있을까?

돌까지
(0~12개월)

첫 아이를 낳고 산후조리원에서 초점책 만들기 프로그램에 참여하려고 모인 엄마들의 책 수다가 한창이었다. 출산하기도 전에 유명한 토이북 전집을 사두었다는 사람이 꽤 많았다. 벌써부터 책을 읽어주냐고 말하려는 찰나 눈앞에 설문지가 놓였다.

'몇 살 때부터 책을 읽어줘야 한다고 생각하십니까?' 이 질문을 보자마자 답을 바로 고를 수가 없었다. '50일 후? 100일 후? 200일 지나서인가? 아, 뱃속에서부터 읽어주긴 했구나.' 그러고 보니 태교한다며 책을 읽어줬던 사실이 뒤늦게 생각났다.

아이를 뱃속에 품었을 때 누구나 한 번쯤은 책을 읽어준 경험이 있을 것이다. 엄마, 아빠의 목소리를 들려주며 뱃속 아이와 상호 교감을 하고자 하는 부모의 노력은 아이에게 그대로 전달된다. 의학계에서는 태아에게 의식이 싹트는 시기를 뱃속 7~8개월로 본다. 임신 8개월째의 태아는 이미 생각하고 느끼고 기억할 수 있다는 것이다. 아이는 태어나자마자 엄마의 목소리를 향해 얼굴을 돌린다. 이는 아기들은 뱃속에 있을 때부터 엄마의 목소리를 기억한다는 것을 확실히 보여주는 예다. 결국 우리가 아이에게 책을 읽어줄 수 있는 때란, 엄마 아빠의 목소리를 들을 수 있는 순간부터다. 태어나기 전부터, 그리고 태어난 직후부터 책 읽어주기는 얼마든지 가능하다. 아기는 이 시기부터 혼자서 또는 부모와 함께 책을 보며 세상을 탐색한다. 예리한 관찰자로서 세상을 배울 준비가 되어 있다.

　하지만 막상 아이가 태어나면 수유하고, 기저귀 갈고, 재우며 아기울음에 항상 긴장을 타야 하는 엄마는 밥 먹을 시간조차 없이 고단하다. 그러니 태어나자마자 책을 읽어주는 SNS 속 엄마 아빠랑 비교하지 말자. 할 수 있을 때부터 아이에게 보여주면 된다. 기저귀를 갈고 나서 쭉쭉 마사지를 하듯 틈틈이, 수유를 하고 나서 트림을 시키듯 천천히 아이에게 책을 읽어주자. 태아 때 읽어줬던 책을 다시 읽어주는 것부터, 그것도 어렵다면 자장가를 불러주는 것부터 해보자.

책 읽어주기의 목표

1. 아이가 자유롭게 책을 탐색하며 책과 친해질 기회 주기
2. '책 ≠ 읽어줘야 하는 것'. '책 = 놀잇감'

어떻게 읽어줄까?

1. 책을 여기저기 바닥에 깔아두고 아이가 좋아하는 책 속 그림을 보여준다는 생각으로 편하게 읽어준다.

2. 리듬감 있게 반복되는 단어나 문장을 강조해서 읽어주며 다양한 말소리를 들려준다.

3. 오감을 자극하며 책을 자유롭게 보고 듣고 만지게 하면서 다양한 감각을 경험할 수 있는 기회를 준다.

누워 있는 우리 아이 처음 책,
감각을 자극하는 책

　돌 전 아이에게 책은 놀잇감이나 마찬가지다. 이때 필요한 책은 모든 감각에 예민하게 반응하는 아이의 발달에 필요한 안전한 책이다. 초점책을 시작으로 부드러운 헝겊책, 사각사각 소리 나는 비닐책, 만지고 물고 빨아도 되는 보드북 재질의 책으로 아이의 첫 책을 준비해보자. 비싸고 예쁜 팝업북을 선물 받았다면 아직은 나중을 위해 숨겨두자.

　이 시기에도 아이마다 좋아하는 책이 다를까? 다르다! 첫째가 좋아하던 헝겊책을 둘째도 당연히 좋아할 거라 생각하고 보여줬지만 사각사각 소리 나는 비닐책만 좋아했다. 또 첫째는 웬만한 보드북은 가리

지 않고 씹고 던지며 좋아했지만, 둘째는 보드북이라도 한 장 한 장 책장을 스스로 넘길 수 있을 정도로 낱장이 두께 있는 책을 선호했다. 처음에는 우리 아이가 좋아하는 책이 뭔지 가만히 관찰해보자. 그리고 아이가 좋아하는 책을 한 권이라도 찾았다면 반복해서 읽어주자. 그걸로 충분하다.

앉아서 놀기 시작하면 그림책을

4개월이 되면 아이는 성인과 같은 수준으로 색깔을 보게 되고, 6개월이 지나면 앉아서 놀기 시작한다. 이때가 그림책을 보여주기 가장 적합한 때다. 물론 읽어주려고 하면 어느새 도망가 버리고, 자기 마음대로 책장을 넘기기 일쑤일 것이다. 아직은 엄마가 읽어주는 책에 집중하기 어려우니 웃어넘기는 여유를 장착하자.

아기가 좋아해요, 리듬감 있는 책

사실 영아를 대상으로 하는 책은 얼핏 보기에 전부 비슷하다. 어떤 책을 고를지 모르겠다면 '엄마가 읽어주기 좋은 책'을 고르는 것도 방법이다. 엄마가 먼저 읽어봤을 때 막힘없이 잘 읽힌다면 좋은 책이다. 의성어·의태어가 많으면 읽는 엄마도 재미있게 읽어줄 수 있을 것이다. 읽어준다기보다 아이에게 말을 걸고 노래를 불러준다는 생각으로

소리를 들려주자. 『엄마가 섬 그늘에 굴 따러 가면 이상교, 김재홍/봄봄출판사』,
『반달 윤극영, 하수정/섬아이』같은 책은 엄마가 노래로 불러주기 좋은 책이다.

이 시기의 아이는 감각으로 세상을 파악한다. 오감이 살아 있는 그
림책을 골라보자. 알록달록 아기 그림책 세트 중 하나인 『기차가 칙칙
폭폭 뻬뜨르 호라체크/시공주니어』은 밝은색 그림으로 아이의 시선을 사로잡고,
재밌는 기차 소리로 듣는 즐거움을 준다. 태어나서 처음 몇 년 동안 아
기들의 청력은 절대 음감을 지닌다. '칙칙폭폭 숲속을 지나~ 덜컹덜컹
다리를 건너~'와 같은 글에서 칙칙폭폭, 덜컹덜컹 같은 소리를 강조해
서 읽어주자. 『사과가 쿵! 다다 히로시/보림』이란 책이 유명한 이유도 바로
'쿵'이라는 의성어의 반복 때문이다. "사과가 쿠~~웅!"처럼 평소보다
높은 톤으로 느낌을 살려 읽어주면 아이는 그 소리가 재밌어서 깔깔
깔 웃는다. 이런 비슷한 책을 반복해서 읽어주면 나중에는 거인 발자
국도 쿵, 북소리도 쿵 하고 같은 소리를 낸다는 걸 알고 아이가 먼저 따
라한다.

아이와의 교감에 최고, 애착책

읽다 보면 아이와 살을 비비지 않고는 못배기는 책이 있다. 바로 이
시기 아이에게 전부라도 해도 과언이 아닌 애착을 전달하는 애착책이
다. 우리 아이가 두 돌까지도 좋아했던 『엄마랑 뽀뽀 김동수/보림』는 한 장
한 장 넘길 때마다 '엄마랑 뽀뽀'라는 말과 함께 엄마랑 뽀뽀하는 아

기 동물들이 나온다. 그때마다 아이는 입을 내밀고 뽀뽀를 해달라고 했다. 책 한 권을 읽고 나면 아이와 최소한 열 번은 뽀뽀하게 되는 책, 비슷한 책으로는 『쪽!정호선/창비』, 『뽀뽀해 쪽쪽!캐런 카츠/보물창고』이 있다.

『안아 줘!제즈 앨버로우/웅진주니어』, 『간질간질최재숙, 한병호/보림』처럼 책을 읽으며 아이와 애착을 마음껏 나눌 수 있는 책을 읽어줄 때는 '지금은 아이와 눈 맞춤 하고 스킨십하는 시간이다.'라고 생각하자. 우리 뇌에는 주변 사람의 감정을 감지하고 그 사람의 행동을 따라 하는 역할을 하는 거울 뉴런이 있다. 이 이론에 따르면 태어나서부터 두 돌 전까지는 엄마의 표정이 아이의 표정과 애착을 결정한다고 한다. 아이에게 책을 읽어줄 때 내 표정은 어떤 표정인가? 『사랑해 사랑해 사랑해버나뎃 로제티 슈스탁, 캐롤라인 제인 처치/보물창고』처럼 책을 읽어주며 사랑한다는 말을 반복하다 보면 엄마의 표정도 저절로 행복해질 것이다. 그럴 때 아이는 자기가 진짜 사랑받는다는 것을 온 감각으로 느끼게 된다.

아기의 최애 놀이 까꿍 놀이책

아기는 6개월부터 대상영속성(물체가 눈에 보이지 않아도 그것이 그대로 존재한다는 사실을 아는 능력)이 발달한다. 이 시기의 아이들은 손수건으로 얼굴을 가리고 '까꿍' 소리만 내도 까르르 넘어가는데 우리 아이도 예외는 아니었다. 6개월이 지난 무렵부터 날마다 책으로 까꿍 놀이를 했다. 책에 숨었다가 '까꿍' 하고 말하면 아이는 어느새 책으로 자기 얼굴을 가리고 기다리고 있었다. 책의 아무 페이지나 펼치고 깜짝 놀란 듯 읽어주기도 했다. 아이는 내가 오버하면 할수록 책에 더 관심을 가졌다.

이때는 놀이처럼 즐거울 수 있다면 그걸로 충분하다. 책 내용을 잘 전달하기보다 아이와 책으로 즐겁게 노는 것에 초점을 맞추자. 까꿍 놀이를 통해 아이와 살을 맞대며 노는 시간이 곧 아이의 정서적 능력이 발달하는 시간이라는 걸 기억하자.

까꿍 놀이하기 좋은 책으로는 『달님 안녕 하야시 아키코/한림출판사』, 『누구게? 최정선,이혜리/보림』, 『또 누구게? 최정선, 이혜리/보림』, 『까꿍 엘리베이터 냥송이/그린북』, 『짠! 까꿍 놀이 기무라 유이치/웅진주니어』, 『안녕 내 친구! 로드 캠벨/보림』, 『내 배꼽 어딨지? 캐런 카츠/보물창고』가 있다.

북스타트Bookstart 신청하기

 ## 북스타트란?

'책과 함께 인생을 시작하자!'는 취지로 북스타트코리아와 지방자치단체가 함께 펼치는 지역사회 문화운동 프로그램이다. 보통은 연령에 따라 북스타트(0~18개월), 북스타트 플러스(19~35개월) 두 단계로 나뉘어 시행하는데 지자체에 따라 그 이후 단계까지 운영하는 곳도 있다.

북스타트 신청 시 아이 이름으로 도서관 회원 카드를 함께 만들자. 아이가 도서관과 가까워지는 첫걸음이 된다. 회원 카드를 만들면 도서관에서 시행하는 북스타트 책 놀이 특강(엄마랑 아기랑)과 부모 교육 프로그램도 들을 수 있다. 아이 이름으로 책도 더 빌릴 수 있으니 일석이조이다.

🧸 아기는 언제부터 도서관을 이용할 수 있나요?

출생 신고를 했다면 바로 이용 가능하다. 태어났을 때부터 책을 보여주고 책을 좋아하는 아이로 자랄 수 있도록 도와주는 〈도서관 북스타트〉를 적극 이용하자.

🧸 북스타트책 꾸러미 어떻게 받나요?

아기가 태어나면 도서관 또는 보건소에서 북스타트 책꾸러미를 받을 수 있다. 책꾸러미란 그림책 두 권과 추천 도서 목록이 담긴 가방을 말한다. (지자체별로 아기 수건이나 색연필 등 선물이 추가되기도 한다.) 책 꾸러미의 그림책은 사서나 독서 전문가의 회의를 거쳐 신중하게 선정된다. 그만큼 아기 개월 수에 맞게 고심해서 선정한 양질의 책이므로 꼭 받기를 추천한다. 꾸러미에 들어 있는 북스타트 연령별 추천 도서도 참고하자. 0세부터 7세까지 보면 좋은 그림책이 가득하다.

- 준비물 **아기 수첩, 보호자 신분증, 주민등록등본(지역별로 다를 수 있음)**
- 가 격 **무료**

🧸 북스타트 책 놀이가 뭐에요?

아이와 부모 또는 양육자가 함께 북스타트 그림책을 가지고 책을 읽고 책 놀이도 하는 프로그램이다. 보통 도서관에서는 한 달에 한 번, 30분 정도 책 놀이가 진행된다. 문화센터의 오감 놀이처럼 노래도 부르고 몸도 움직이면서 다양한 체험을 하는 활동이 책과 연계해서 이루어진다. 또는 양육자를 위한 폭넓은 분야의 부모 교육 특강을 열기도 한다. 그림책을 가지고 아이와 어떻게 놀아줄지 모르겠다면 가까운 도서관에서 하는 북스타트 프로그램에 참여해보자.

- 북스타트 코리아 **bookstart.org:8000**

나도 이제 돌끝맘, 어떤 책을 들여야 할까?

두 돌까지
(12~24개월)

'돌끝맘 축하! 고생했어요!'라는 축하와 격려의 말을 듣자마자 갑자기 의욕이 불끈 솟는다. 사운드북이 다였던 우리 아이에게 이제 본격적으로 책을 좀 읽어줘야겠다는 생각이 든다. 이웃집 엄마, 육아 선배에게 조언을 구하고 인터넷을 폭풍 검색해서 꽤 괜찮은 전집도 찾아냈다. 그런데 블루래빗, 프뢰벨, 돌잡이 수학, 아람 명화 등 돌끝맘 엄마를 겨냥한 유명한 책이 너무나 많다. 보면 볼수록 빠져드는 아기 그림책의 망망대해에서 도대체 어떤 책을 골라야 할까?

책 읽어주기의 목표

1. 아이가 책 읽기에 대해 즐겁고 긍정적인 기분을 가질 수 있게 한다.

2. 엄마도 아이도 그림책을 알아간다.

　이 시기 아이들은 일상생활에서 듣고 말하기를 즐기며 책과 이야기에 관심을 가지기 시작한다.

범주	내용
듣기와 말하기	표정, 몸짓, 말과 주변의 소리에 관심을 갖고 듣는다
	상대방의 이야기를 들으면서 말소리를 낸다
	표정, 몸짓, 말소리로 의사를 표현한나
읽기와 쓰기에 관심 가지기	주변의 그림과 상징에 관심을 가진다
	끼적이기에 관심을 가진다
책과 이야기 즐기기	책에 관심을 가진다
	이야기에 관심을 가진다

• 표준교육과정의 의사소통 영역(만 0~1세) •

어떻게 읽어줄까?

1. 아이가 주도하는 책 읽기! 아이가 직접 책장을 넘기게 한다. 특히 집중해서 보는 페이지는 멈춰서 그림을 충분히 보도록 돕는다.

2. 책에 있는 글자를 다 읽어줘야 한다는 부담 NO! 어려운 단어는 패스, 아이가 이해할 수 있는 말로 바꿔서 읽는다.

3. 간단한 몸짓을 곁들이며 읽어준다. 손뼉을 치거나 발을 쿵쿵 구르거나 무릎에 앉혀서 들썩이는 등 아이와 함께하는 가벼운 동작은

책 읽기의 즐거움을 높여준다.

처음은 친근한 사물이 나오는 그림책부터

이 시기의 아이들은 세상의 모든 것에 관심이 많다. 집 안 구석구석을 헤집고 뭐든 만져보고, 두들겨보고, 꺼내 보며 탐색한다. 이렇게 호기심이 가득할 때 주변에서 자주 볼 수 있는 사물 그림책을 보여주자. 좋은 사물 그림책은 하나의 사물을 여러 각도로 표현해 아이에게 넓은 세상을 가르쳐 주는 책이다. 아이는 책을 통해 세상의 이름을 알게 되고, 자신이 원하는 것을 선택할 수 있다는 사실도 알게 된다. "이거 뭐야?" 하고 엄마가 가리키는 책 속 물건을 맞추며 희열을 느낀다. 또 책에 나오는 물건을 집 안에서 찾아보거나 몸으로 설명하면서 아이는 엄마와 소통할 수 있다는 기쁨을 알아간다.

사물 그림책

『냠냠냠 쪽쪽쪽 문승연/길벗어린이』

『입이 큰 개구리 키스 포크너, 조너선 램버트/미세기』

『금붕어가 달아나네 고미 타로/한림출판사』

『누구야 누구 권혁도/보리』

『어디 숨었니? 나자윤/비룡소』

『투둑 떨어진다 심조원, 김시영/호박꽃』

『시계 탐정 123 서영/책읽는곰』	
『알록달록 아기 그림책 세트 시공주니어』	
『세밀화로 그린 보리 아기 그림책 세트 보리』	
『돌잡이 수학 전집 천재교육』	

등장인물이 적고 배경이 단순한 생활 책

돌이 지나면 아이는 줄거리가 있는 이야기를 좋아한다. 토끼나 곰 같은 친근한 동물이나 친구, 엄마, 아빠가 등장하는 단순한 이야기 책을 읽어주자. 아이의 두뇌는 카메라처럼 그림책의 모든 장면을 찍어둔다고 한다. 따라서 책 한 면에 한두 가지 인물이 꽉 차 있는 정도로 등장인물이 적은 책이 집중하기 좋다. 또 정감 있는 인물과 따듯한 색감을 사용한 책은 아이에게 안정감을 준다.

생활 그림책	
『눈·코·입 백주희/보림』	
『아기가 아장아장 권사우/길벗어린이』	
『구두구두 걸어라 하야시 아키코/한림출판사』	
『싹싹싹 하야시 아키코/한림출판사』	
『손이 나왔네 하야시 아키코/한림출판사』	

『머리 감는 책 최정선, 김동수/보림』

『분홍 보자기 윤보원/창비』

『엄마 좋아! 아빠 좋아! 허은미, 김병하/한울림어린이』

『살금살금 최형미, 이영림/크레용하우스』

『나는 내가 좋아요 윤여림, 배현주/웅진주니어』

『아가랑 두두랑 세트 디디에 뒤프레슨, 아르멜 모데레/키다리』

리듬감 있고 반복적인 패턴이 있는 책이나
오감이 살아 있는 책

생후 18개월 전후로 아이는 크게 성장한다. 엄마, 아빠 말고도 할 줄 아는 말이 생기고 의사소통이 가능해진다. 그야말로 언어 발달이 폭발적으로 일어나는 시기다. 이때를 전후로 아이에게 같은 말이 반복되는 '말 따라하기 좋은 책'을 읽어주고 말하기의 즐거움을 알려주자. 만져보면서 직접 느껴보는 촉감책, 소리를 자극하는 책을 보여주며 자연스럽게 오감을 자극시켜주는 것도 좋다. 일상에서 겪게 되는 감각을 책으로 경험하며 아이는 책 읽기와 책 놀이를 재미난 일상으로 받아들인다.

위에서 추천하는 모든 책을 구비할 필요는 없다. 갈수록 사고 싶은 책은 많아지고, 책도 계속 업그레이드된다. 이때는 꼭 필요한 최소한의 책만 들이도록 하자. 첫째는 두 돌까지 말이 느린 아이였다. 다른 집 아이는 벌써 하고 싶은 말을 잘도 하는데 우리 첫째는 아직도 엄마, 아빠, 맘마에서 더 진전을 보이지 않았다. 조바심에 책을 더 읽어줘야 하나 고민하기도 했다. 그런데 어느 순간부터 말이 트이더니 나중에는 어린이집에서 가장 말을 잘하는 아이가 되었다. 『0~5세 말 걸기 육아의 힘위즈덤하우스』에서는 아이가 들을 준비가 되어있을 때 말해주고 읽어줘야 한다고 강조한다. 엄마의 욕심으로 억지로 책을 읽어준다면 엄마와의 애착에 문제가 생길 수 있고 아기의 두뇌도 활성화되지 않는다는 것이다.

지금 중요한 건 책의 권수가 아니라 아이와 편안하게 책 읽는 시간을 확보하는 거다. 하루 중 10분이라도 외부의 소음이나 방해 없이 아이와 내가 온전히 책을 볼 수 있는 규칙적인 시간을 마련해보자.

리듬감 있고 반복적인 패턴이 있는 책	
『두드려 보아요 안나 클라라 티돌름/사계절』	
『잘잘잘 123 이억배, 사계절』	
『사자가 아기를 만났어 김새별/사계절』	
『시리동동 거미동동 권윤덕/창비』	
『사랑해 사랑해 사랑해 버나뎃 로제티 슈스탁, 캐롤라인 제인 처치/보물창고』	
『아기 물고기 하양이 한글판 세트 하위도 판 헤네흐턴/한울림어린이』	

오감 자극 그림책

『한 입에 덥석 키소 히데오/시공주니어』

『내 친구 브로리 이사랏/비룡소』

『좋아 좋아 연수정, 조은희/우주나무』

『우리 아기 오감발달 칙칙폭폭 기차 사운드북 샘 태플린, 폴 스티븐 카트라이트/어스본코리아』

『우리 아기 첫 촉감 그림책 세트 피오나 와트, 레이첼 웰스/어스본코리아』

아이는 호기심이, 엄마는 책 욕심이 폭발하는 때

3~4세
(24~36개월)

아이가 3~4세가 되면 호기심은 폭발하고, 시도 때도 없이 말을 하기 시작한다. 이제 막 어른 말을 흉내내는 아이들의 모습은 생각만 해도 귀엽다. 이맘때는 언어 이해력이 높아지면서 엄마와 상호 작용이 가능해진다.

또 짧은 문장에서 긴 문장까지 이해하기 시작하므로 그야말로 아이에게 재밌는 그림책을 많이 읽어줄 수 있는 최적의 시기다. 반면에 뭐든지 자기 중심적으로 사고하는 고집 센 미운 세 살, 네 살이기도 하다. 말을 너무 안 들어서 인성 동화를 사야 할까 싶다가도 시도 때도 없이 '왜?'라고 묻는 아이를 위해서 과학책이나 수학 동화 같은 지식책을 사줘야 하지 않을까 고민이 되는 때가 왔다.

인터넷 서점에서 유아 책을 검색하면 대부분이 4~7세라고 되어 있을 정도로 이때부터 볼 만한 그림책이 쏟아진다. 그만큼 책 선택이 어렵기도 하지만 아이가 재미만 붙이면 책 속으로 풍덩 빠져들 수 있는 최상의 시기다. 지금까지 책을 잘 읽어주지 못했다면 지금이 기회다. 책을 싫어하는 아이도 책을 몰랐던 아이도 엄마 무르팍으로 끌어다 앉힐 수 있는 절호의 타이밍이다!

책 읽어주기의 목표

1. 책 읽기 = 재밌는 책의 발견 + 정서적 유대감
2. 일상생활에서의 듣고 말하기를 책으로 연결한다.

이 시기 아이들은 책과 이야기에 재미를 느끼기 시작한다.

범주	내용
듣기와 말하기	표정, 몸짓, 말에 관심을 갖고 듣는다
	상대방의 이야기를 듣고 말한다
	표정, 몸짓, 단어로 의사를 표현한다
읽기와 쓰기에 관심 가지기	주변의 그림과 상징, 글자에 관심을 가진다
	끼적이며 표현하기를 즐긴다
책과 이야기 즐기기	책에 관심을 가지고 상상한다
	말 놀이와 이야기에 재미를 느낀다

• 표준교육과정의 의사소통 영역(만 2세) •

1. 매일 같은 시간에 규칙적으로 책을 읽어줌으로써 자연스럽게 책 읽기가 아이의 일상에 스며들게 한다.

2. 엄마가 먼저 책을 읽어본다. 책을 알고 읽어주는 것과 모르고 읽어주는 것은 전혀 다르다. 읽어주는 사람의 마음이 고스란히 전달되는 게 책이다.

3. 책을 읽고 생활 속에서 관련 놀이를 해본다. 신체 활동을 즐기는 시기이므로 책 읽어주기 전이나 읽고 나서 몸 놀이를 하는 것은 '책 읽는 것=즐거운 것'이라는 생각을 하게 해준다.

' ' '
일상생활과 관련된 생활 습관 책

한시도 가만히 있지 못하는 아이에게 정적인 사물 그림책은 이제 심심하기만 하다. 세 살이 넘은 아이는 주인공이 움직이고, 자기와 비슷한 생활을 하는 책에 관심을 가진다. 옷 입기, 양치하기, 밥 먹기, 친구랑 놀기, 응가 하기 등 아이의 생활 경험과 관련된 책을 보여주자.

이맘때 내가 가장 덕을 본 책은 배변 훈련 책이었다. 두 돌이 되고 배변 훈련을 하기로 마음을 먹었지만 아이는 변기에 도통 관심이 없었다. 그때 책을 찾아서 보여줬다. 사운드북 소리에 맞춰 쏴~하고 소리를 냈다가 끙~끙, 응~가를 힘껏 외치기도 하면서 화장실 앞에서 혼신의 연기를 펼쳤다. 변기에 어떤 자세로 앉는지, 팬티는 어떻게 입는지 입으로 백번 말하는 것보다 책에 나오는 그림을 보여주는 게 훨씬 효과적이었다. 배변 훈련 책은 기본적으로 똥을 소재로 한 책이 대부분이라 아이도 흥미를 느낀다.

배변 훈련하기 좋은 책

『똥이 풍덩!알로나 프랑켈/비룡소』

『응가해요 마야, 양정희/이룸아이』

『팬티를 입었어요 히로카와 사에코/길벗어린이』

『응가하자, 끙끙 최민오/보림』

『내 쉬통 어딨어 크리스틴 슈나이더, 에르베 삐넬/그린북』

『어떤 화장실이 좋아?스즈키 노리타케/노란우산』

『응가 할 시간이야, 크롱! 편집부/키즈아이콘』

『휴지가 돌돌돌 신복남/웅진주니어』

『개구쟁이 아치 1: 앗! 오줌 쌌어 기요노 사치코/비룡소』

『슈퍼맨도 응가를 한대 파라곤 북스, 메이블 포사이스/보물창고』

『공주님도 응가를 한대 사만사 버거, 에이미 카트라이트/보물창고』

『오줌맨 야프 로번, 벤자민 르로이/북레시피』

『내 팬티 예쁘지? 프랜 마누시킨, 발레리아 페트로니/보물창고』

양치질하기 싫어하는 아이를 위한 책

『악어도 깜짝, 치과 의사도 깜짝!』 고미 타로/비룡소

『치카치카 군단과 충치 왕국』 이소을/상상박스

『칫솔맨 도와줘요!』 정희재, 김향수/책읽는곰

『충치 도깨비 달달이와 콤콤이』 안나 러셀만/현암사

『왜 이를 닦을까요?』 케이티 데이니스, 마르타 알바레스 미구엔스/어스본코리아

나쁜 습관을 고쳐주는 책

『콧구멍을 후비면』 사이토 타카코/애플비

『코딱지 코지』 허정윤/주니어RHK

『코딱지가 보낸 편지』 상상인/길벗어린이

『고릴라 코딱지』 김진완, 정설희/노란돼지

『손가락 문어』 구세 사나에/길벗어린이

『마스크 동물 마을』 황즈잉/에듀앤테크

『왜 손을 씻을까요?』 케이티 데이니스, 마르타 알바레즈 미구엔스/어스본코리아

『변비책』 천미진, 이지은/키즈엠

『난 토마토 절대 안 먹어』 로렌 차일드/국민서관

『밥, 예쁘게 먹겠습니다!』 김세실, 용휘, 손지희/나는별

공감할만한 일이 담긴 창작 책

모든 우주의 기운이 '나'를 중심으로 이루어지는, 일명 '내 꺼야'라는 말을 시도 때도 없이 하는 때다. 친구랑 잘 놀다가도 장난감 때문에 싸우고, 자기가 먹던 걸 누가 하나라도 먹으면 대성통곡한다. 기쁨, 슬픔 같은 감정 표현이 확실해지는 시기로 바닥에 누워 떼를 쓰기도 하고, 이랬다저랬다 마음이 쉽게 바뀌기도 한다. 그렇기 때문에 이때는 정서적 안정감을 주는 책, 긍정적인 자아 개념을 갖게 하는 책을 읽어주면 좋다.

아이들은 이제 주인공을 자기와 동일시하거나 주인공의 행동을 이해하고, 즐길 수 있게 된다. 내 마음과 비슷하거나 같다는 생각과 공감 능력이 싹트기 시작한다. 공감은 곧 호감으로 연결된다. 이 시기 아이들이 같은 책을 계속 읽어달라고 하는 이유도 여기에 있다.

"빨리 옷 입고 나가자. 이리 와 봐. 엄마가 입혀줄게." 아침마다 아이를 어린이집에 보내고 출근하는 건 전쟁이었다. 옷을 얼른 입혀 서둘러 나가려고 하면 끝까지 스스로 하겠다고 고집을 부렸다. 그런 아이와 보게 된 『내 맘대로 할래 이지현, 이민혜/시공주니어』는 그야말로 우리 아이 모습을 그대로 옮긴 이야기였다. 『소피가 화나면 정말 정말 화나면 몰리 뱅/책읽는곰』은 마음대로 되지 않아 화가 나는 아이의 마음을 강렬한 색과 그림으로 표현한 책이다. 단순하고 분명한 그림과 이야기 때문에 아이가 오래오래 좋아하던 책이었는데, 사실은 내가 아이를 양육하는 데 더 도움이 되었던 책이다. 소피 엄마와 아빠의 대처를 보며 부모로서 어떻게 아이의 화를 누그러뜨릴 수 있을까 생각해볼 수 있는 책이었다.

자아 존중감을 주는 책

『내 귀는 짝짝이』히도 반 헤네흐텐/웅진주니어』

『강아지똥』권정생, 정승각/길벗어린이』

『너는 특별하단다』맥스 루케이도, 세르지오 마르티네즈/고슴도치』

『깃털 없는 기러기 보르카』존 버닝햄/비룡소』

『물고기는 물고기야!』레오 리오니/시공주니어』

『사윗감 찾아나선 두더지』김향금/보림』

『지금도 괜찮아』정호선, 원유미/을파소』

『알사탕』백희나/책읽는곰』

『대포알 심프』존 버닝햄/비룡소』

『에드와르도』존 버닝햄/비룡소』

『꼬마 종지』아사노 마스미, 요시무라 메구/곰세마리』

『평범한 식빵』종종/그린북』

『불을 싫어하는 아주 별난 꼬마 용』제마 메리노/사파리』

『소피는 할 수 있어, 진짜진짜 할 수 있어』몰리 뱅/책읽는곰』

『내가 코끼리처럼 커진다면』이탁근/한림출판사』

감정을 표현하는 그림책

『소피가 속상하면, 너무너무 속상하면 몰리 뱅/책읽는곰』

『기분을 말해 봐!앤서니 브라운/웅진주니어』

『너처럼 나도 장바티스트 델 아모, 폴린 마르탱/문학동네』

『쿠키 한 입의 인생 수업 에이미 크루즈 로젠탈, 제인 다이어/책읽는곰』

『부끄럼쟁이 꼬마 유령 플라비아 Z. 드라고/비룡소』

『화가 나서 그랬어! 레베카 패터슨/현암주니어』

『기분을 말해 봐!앤서니 브라운/웅진주니어』

『오늘 내 기분은… 메리앤 코카-레플러/키즈엠』

『화내지 말고 예쁘게 말해요 안미연, 서희정/상상스쿨』

『짜증 나지 않았어! 수잔 랭, 맥스 랭/키즈엠』

『화가 둥! 둥! 둥! 김세실, 이민혜/시공주니어』

『마음날개 그림책 세트 루이종 니엘만, 티에리 마네스/크레용하우스』

『우리 아이 첫 감정 연습 세트 오렐리 쉬엥 쇼 쉰느/한빛에듀』

의성어나 의태어가 풍부한 책과 동요 · 동시 책

"엄마 배가 불룩하구마, 엄마 입이 크구마. 아하하하." 첫째는 『고구마구마 사이다/반달』를 읽고 내 배를 만지며 불룩하다고 놀려대기 시작했다. 또 『감자가 만났어 수초이/후즈갓마이테일』를 보고 나서는 감자 반찬을 먹을 때마다 '감자가 김이랑 만났어.', '감자가 밥이랑 만났어.' 하면서 깔깔거렸다. 자꾸 장난을 치는 통에 겉으로는 하지 말라고 하면서도 속으로는 책을 보고 그걸 응용해서 말하는 아이가 신통방통하다는 생각이 들었다.

자기가 하고 싶은 말을 점점 정교하게 표현하면서 언어에 관해 관심을 가지게 되는 이때는 일상 대화나 놀이, 노래를 통해 아이가 언어를 쉽게 익힐 수 있도록 도와주어야 한다. 재미있는 의성어·의태어가 있는 그림책을 계속해서 읽어주면 아이는 책에서 들은 단어를 일상 속에서 사용한다. 재밌는 말이 반복되는 동요를 들려주거나 쉬운 동시 책

의성어 의태어가 풍부한 책
『이파라파냐무냐무』이지은/사계절
『왜냐면…』안녕달/책읽는곰
『곰 사냥을 떠나자』마이클 로젠, 헬린 옥슨버리/시공주니어
『야, 우리 기차에서 내려』존 버닝햄/비룡소
『검피 아저씨의 뱃놀이』존 버닝햄/시공주니어
『마음이 퐁퐁퐁』김성은, 조미자/천개의바람
『시리동동 거미동동』권윤덕/창비
『최승호·방시혁의 말놀이 동요집』최승호, 윤정주, 방시혁/비룡소
『최승호 시인의 말놀이 동시집 세트』최승호, 윤정주/비룡소
『문혜진 시인의 말놀이 동시집 세트』문혜진/비룡소

을 읽어주는 것도 글자나 말에 관심을 가지는 아이에게 즐거운 놀이가 된다.

책육아가 '책 사는 육아'가 되지 않도록 조심해야 할 때!

하루에 10권도 넘는 책을 들고 와서 읽어달라는 아이, 책을 읽어주면 곧잘 말을 따라 하고 손뼉을 치며 좋아하는 아이를 보며 흐뭇한 엄마는 더 좋은 책을 사줘야겠다고 결심한다. '때가 왔다!'고 생각하며 영역별로 책을 사기 위해 큰마음 먹고 서점을 방문하기도 한다. 또는 옆집 아이와 달리 책을 싫어하는 우리 아이 때문에 머리를 싸매고 대박 책을 찾아 헤매고 있는지도 모른다.

다양한 책을 보여주는 것도 좋지만 이 시기 아이는 오히려 자기가 좋아하는 책을 반복해서 본다는 걸 기억하자. 집에 있는 책이 부족하다고 생각되면 도서관에서 빌려보는 것도 좋은 방법이다. 남과 비교하지 말고 지금 내 아이와 읽은 책 한 권, 하루 5분 책 읽기 시간을 소중히 하자. 이때야말로 책을 마구 사들일 때가 아니라 책 읽는 엄마의 기량을 발휘할 때다.

아이는 책태기,
엄마는 초조함이 시작되는 시기

5~6세

"영어 뭐해요? 영어 도서관 같은 데 보내세요? 아니면 학습지?"

"한글은 뗐어요? 뭐 따로 공부해요?"

아이가 다섯 살이 되던 해 유치원 엄마들이 모이면 으레 이런 대화가 오고 갔다. 어린이집을 다니면서는 한 번도 들어본 적 없는 질문들이었다. 특별한 준비 없이 그 해를 맞이하던 나는 덜컥 불안한 마음이 들었다. 그 당시 그나마 아이와 함께 뭔가 했던 건, 아이가 유치원에서 받아온 독서 통장과 마주이야기 공책이 다였다. 마주이야기란 대화를 뜻하는 순우리말이다. 아이의 말을 들어주고 알아주자는 취지의 마주이야기 공책에 아이의 말을 적으며 아이의 관심이 뭔지, 공감해주지 못한 아이의 마음이 뭔지 보려고 애썼다. 일상에서 나누는 대화도 그랬지만, 책을 읽고 아이와 나눴던 대화나 생각은 평소보다 더 기발했다. 차곡 차곡 쌓인 마주이야기는 든든한 아이의 독서 기록이 되었다. 독서 통장에도 한 줄이라도 더 적기 위해서 전보다 부지런히 책을 읽어주는 엄마가 되었다. 이 두 가지를 열심히 하다 보니 우리 아이가 좋아하는 게 무엇인지, 어떤 책을 좋아하는지, 어떤 주제로 이야기 하는 걸 좋아하는지 '아이 입장'에서 저절로 생각하게 되었다. 아이에게 도움될 법한 책만 찾아 우왕좌왕하지 않고, 아이가 좋아할 만한 책을 고르게 했던 건 두고두고 잘한 일이었다.

5~6세가 되면 놀이터, 친구, 게임, 유튜브 등 책보다 재밌는 게 무궁무진하게 늘어간다. 이들과의 경쟁에서 살아남기 위해서 아이가 좋아할 만한 재밌는 책을 아이 손에 쥐어 줘야 한다. 갑자기 한글을 떼기 위해서 재미없는 한글 공부 관련 책이나 어려운 과학 전집을 보여주려 한다면 아이는 책에서 더 멀어지려고만 할 것이다. 그렇다면, 우리 아이의 세계에 책이 계속 머무르게 하려면 어떻게 해야 할까?

책 읽어주기의 목표

1. 책 읽는 시간도 몸으로 노는 시간도 마음껏 즐길 수 있게 한다. '건강한 신체에 건강한 정신'은 이때도 통하는 말이다.
2. 아이의 호기심을 따라서 책을 골라준다. 이 책, 저 책을 살피지 말고 우리 아이의 관심을 살핀다.

어떻게 읽어줄까?

1. 제목, 작가, 표지, 책 배경 등 책 정보를 알려주며 책 한 권을 충실하게 읽어준다.

2. 아이와 대화를 나누며 뒷부분을 궁금하게 만들거나 상상해보며 읽어준다.

  이 시기 아이들은 책을 통해 이야기를 짓고 상상하는 일을 즐기며 일상생활에 필요한 의사소통 능력을 길러나간다.

범주	내용
듣기와 말하기	말이나 이야기를 관심 있게 듣는다
	자신의 경험, 느낌, 생각을 말한다
	상황에 적절한 단어를 사용하여 말한다
	상대방이 하는 이야기를 듣고 관련해서 말한다
	바른 태도로 듣고 말한다
	고운 말을 사용한다
읽기와 쓰기에 관심 가지기	말과 글의 관계에 관심을 가진다
	주변의 상징, 글자 등의 읽기에 관심을 가진다
	자신의 생각을 글자와 비슷한 형태로 표현한다
책과 이야기 즐기기	책에 관심을 갖고 상상하기를 즐긴다
	동화, 동시에서 말의 재미를 느낀다
	말 놀이와 이야기 짓기를 즐긴다

• 누리과정의 의사소통 영역(만 3~5세) •

사회성 발달 그림책

낯선 유치원 생활이 시작되고 또래나 주변 사회에 대해서도 알아가는 시기가 시작된다. 이때는 자연 생태 이야기, 가족 간의 사랑을 다룬 따뜻한 이야기나 친구들과 사이좋게 지내는 사회성 발달을 돕는 이야기가 담긴 그림책을 골라보자.

사회성 발달을 돕는 그림책

- 『아빠! 머리 묶어 주세요 유진희/한울림어린이』
- 『우리 친구하자 앤서니 브라운/현북스』
- 『우리는 친구 앤서니 브라운/웅진주니어』
- 『은지와 푹신이 하야시 아키코/한림출판사』
- 『이슬이의 첫 심부름 쓰쓰이 요리코, 하야시 아키코/한림출판사』
- 『우리 아빠가 좋은 10가지 이유 최재숙, 김영수/미래엔아이세움』
- 『또박또박 말해요 줄리아 도널드슨/살림어린이』
- 『우리 가족입니다 이혜란/보림』
- 『바바빠빠 아네트 티종, 탈루스 테일러/시공주니어』
- 『유치원 버스 아저씨의 비밀 가와노우에 에이코, 가와노우에 켄/키다리』
- 『누가 내 머리에 똥 쌌어? 베르너 홀츠바르트, 볼프 에를브루흐/사계절』
- 『실수 왕 도시오 이와이 도시오/북뱅크』
- 『가족 백과 사전 메리 호프만, 로스 애스퀴스/밝은미래』
- 『까만 크레파스 시리즈 세트 나카야 미와/웅진주니어』

『무지개 물고기 시리즈 세트 마르쿠스 피스터/시공주니어』	
『구리와 구라 시리즈 세트 나카가와 리에코, 야마와키 유리코/한림출판사』	
『도토리 마을 시리즈 세트 나카야 미와/웅진주니어』	
『공룡유치원 세트 스티브 메쩌, 한스 윌헬름/크레용하우스』	
『안녕, 마음아 세트 그레이트북스』	

전래동화

유아기의 뇌 발달 이론에 따르면 이 시기는 도덕성, 사회성을 관장하는 전두엽이 발달한다. 무엇이 옳고 그른지, 어떤 사람이 되어야 하는지에 대한 신념의 토대가 만들어지는 시기이다. 기쁨, 슬픔의 감정도 확실하게 경험하게 되는 이때 기승전결이 뚜렷한 전래동화는 아이에게 카타르시스를 주고 이야기에 몰입할 수 있는 재미 또한 안겨준다.

간혹 교과서 배우기 전인 유아기에 전래동화를 빨리 떼놓는 게 좋다는 말을 듣는다. 그런데 우리 옛이야기의 세계는 생각보다 폭넓다. 전래동화도 3~4세에도 볼 수 있는 요약본이 있는가 하면 초등학교 고학년이 볼 법한 긴 동화도 있다. 모든 글 너머에는 의미가 있다. 옛이야기도 그때그때 자기의 상황에 따라 아이들이 받아들이는 메시지가 모두 다르다. 이 시기에는 옛이야기를 읽으며 '아 재미있다~' 정도만 느껴도 충분하다. 재미있는 이야기를 들으며 자연스럽게 전통과 미덕을 알아가고, 현재의 나와 가족, 사회를 연결 지어 생각해볼 수 있다면 더할 나위 없이 좋다.

아이들이 웃겨서 쓰러지는 옛이야기

『줄줄이 꿴 호랑이 권문희/사계절』

『똥벼락 김회경, 조혜란/사계절』

『방귀쟁이 며느리 신세정/사계절』

『밥 안 먹는 색시 김효숙, 권사우/길벗어린이』

『이랴! 이랴? 김장성, 양순옥/이야기꽃』

『팥죽 할머니와 호랑이 조대인, 최숙희/보림』

『훨훨 간다 권정생, 김용철/국민서관』

『천하무적 오 형제 노경실, 한병호/애플트리태일즈』

『자린고비 문종훈, 김하섭/웅진주니어』

『이래서 그렇대요! 이경혜, 신가영/보림』

『떡보먹보 호랑이 이진숙, 이작은/한솔수북』

『혹부리 할아버지 송언, 이형진/국민서관』

『거울 속에 누구요? 조경숙, 윤정주/국민서관』

옛이야기 시리즈 · 전집

『네버랜드 우리 옛이야기 그림책 세트 시공주니어』

『솔거나라 전통문화 그림책 세트 보림』

「이야기 꽃할망 세트 그레이트북스」	
「호야토야의 옛날이야기 세트 교원」	
「탄탄 우리옛이야기 세트 여원미디어」	
「인의예지 한국 전래동화 걸작선 세트 꼬네상스」	
「국시꼬랭이 동네 시리즈 그림책 세트 사파리」	

상상력을 키워주는 판타지 그림책

이 시기에는 상상력이 절정에 이른다. 네 살부터 시작된 역할 놀이는 여전히 계속되지만, 이제는 혼자서도 인형이나 공룡과 대화를 나누며 시간을 보낸다.

친구와 만나도 유치원 놀이, 공주 왕자 놀이, 괴물 놀이처럼 실제인지 상상인지 모를 놀이를 즐겨한다. 판타지 그림책(환상그림책)은 이런 아이들의 상상력을 채워주어 읽고 또 읽게 만드는 마법 같은 책이다.

판타지 그림책	
「장수탕 선녀님 백희나/책읽는곰」	
「이상한 엄마 백희나/책읽는곰」	
「엄마, 어디 있어요? 허은순, 박정완/은나팔」	
「김치 특공대 최재숙, 김이조/책읽는곰」	

『도대체 그 동안 무슨 일이 일어났을까?이호백/재미마주』

『고릴라앤서니 브라운/비룡소』

『이상한 화요일데이비드 위스너/비룡소』

『탁탁 톡톡 음매 젖소가 편지를 쓴대요도린 크로닌, 베시 루윈/주니어RHK』

『숲 속의 요술물감하야시 아키코/한림출판사』

『당나귀 실베스터와 요술 조약돌윌리엄 스타이그/다산기획』

『꽃을 좋아하는 소 페르디난드먼로 리프, 로버트 로슨/비룡소』

『꼬마 돼지아놀드 로벨/비룡소』

『앵거스와 두 마리 오리마저리 플랙/시공주니어』

『어떻게 해가 하늘로 다시 돌아왔을까호세 아루에고, 아리아너 듀이/시공주니어』

『꼬리를 돌려 주세요노니 호그로지안/시공주니어』

『알을 품은 여우이사미 이쿠요/한림출판사』

『내 그림자에 오줌 싸지 마!장 피에르 케를로크, 파브리스 튀리에/문학동네』

『제랄다와 거인토미 웅거러/비룡소』

『도깨비를 빨아버린 우리 엄마사토 와키코/한림출판사』

『괴물들이 사는 나라모리스 샌닥/시공주니어』

『꿈의 자동차허아성/책읽는곰』

『엉뚱한 수리점차재혁, 최은영/노란상상』

행복감을
주는 창작 동화 · 명작 동화

책의 가장 큰 가치는 읽는 과정에서 다양한 감정을 경험하는 것이라 할 수 있다. 책을 읽다 보면 황당한 내용이 나오기도 하고, 화가 나거나 눈물을 쏟을 만큼 슬픈 내용도 있다. 하지만 그런 감정들까지 모두 껴안아 결과적으로는 아이들에게 행복감을 전달하는 책이야말로 좋은 책이라 할 수 있다.

어른이 보기에는 황당하거나 우스꽝스러운 내용도 아이들은 그저 유쾌하게 느낀다. 또 읽어주기에 다소 잔인하다고 느껴지는 장면도 아이들은 생각보다 담담하게 받아들인다.

아이들은 책 속 주인공과 하나 되어 그들이 어려운 문제를 잘 해결하는 모습을 보고 자신감을 얻게 된다. 명작 동화나 창작 동화 중에서 어떤 걸 고를지 고민된다면 자존감을 높여주거나 긍정적인 관계를 다룬 책을 골라보자. 행복한 느낌이 드는 책을 만난 어릴 때의 기억은 아이가 성장해서도 자신을 온전하게 사랑할 수 있는 밑바탕이 된다.

창작 동화	
『요셉의 작고 낡은 오버코트가…?심스 태백/베틀북』	
『옛날 옛날에 파리 한마리를 꿀꺽 삼킨 할머니가 살았는데요심스 태백/베틀북』	
『완두다비드 칼리, 세바스티앙 무랭/진선아이』	

『완두의 그림 학교다비드 칼리, 세바스티앙 무랭/진선아이』

『완두의 여행 이야기다비드 칼리, 세바스티앙 무랭/진선아이』

『너에게만 알려 줄게피터 H. 레이놀즈/문학동네』

『날아라 태권 소녀허은실, 김고은/책읽는곰』

『두근두근이석구/고래이야기』

『난 네가 부러워김영민/뜨인돌어린이』

책태기 극복 방법 다섯 가지

아이가 다섯 살이 되면 혼자서도 할 수 있는 게 제법 생긴다. 스마트폰으로 유튜브를 찾아보는 것쯤이야 식은 죽 먹기고, 혼자 킥보드나 자전거를 타며 시간 가는 줄 모르고 놀면서 책은 지루하다고 한다. 활동량이 늘어나면서 일찍 잠들어버리는 날이 잦고, 책 대신 다른 걸 하고 싶다고 도망가는 아이를 붙잡는 것도 역부족이다. 이러다가 영영 책과 멀어질까 봐 걱정되는 우리 아이, 어떻게 하면 좋을까?

방법 1. 쉬운 책으로 돌아가기

처음 아이에게 책을 읽어주었던 초심으로 돌아가 아이가 요즘 스스로 골라오는 책이 얼마나 되는지 책장을 한 번 들여다 보자. 책장의 책이 잘 안 빠진다면 책을 바꿔야 한다는 신호다. 잘 안 보는 책은 걷어내고 예전에 아이가 좋아했던 책, 잘 읽었던 책, 쉬운 책으로 바꿔보자. 책을 만만하게 느낄 수 있도록 작전을 바꾸는 거다. '에계~ 이건 너무 쉬운 책이잖아.'라거나 '어? 이거 옛날에 봤던 책인데.' 하고 호기심에 들춰본다면 성공이다! 이맘때 첫째에게도 찾아왔던 책태기는 네 살 때 아이가 가장 애정했던 『바바파파 시리즈』를 창고에서 꺼내면서 조금씩 벗어날 수 있었다. 『바바파파』 책을 단숨에 보더니 다른 책을 찾기 시작한 것! 비우면 채우고 채우면 다시 비워지듯 아이의 책 읽기 리듬을 되찾을 수 있었다.

방법 2. 책맛 잃은 아이들도 돌아오게 하는 맛있는 책

가끔은 눈이 번쩍하는 신기하고 재밌는 책을 고만고만한 책들 사이에 꽂아두고 샛길에 빠지고픈 아이들의 마음을 잡아두자. 『수잔네의 봄, 여름, 가을, 겨울로투라우트 수잔네 베르너/보림』처럼 크기부터 남다른 책이나, 『너도 보이니?월터 윅/달리』나 『너도 찾았니?거스틴 롭슨, 캐서린, 가레스 루카스/어스본코리아』처럼 첫 장부터 그림을 찾느라 손에서 놓을 수 없는 숨은그림 책까지 신기하고 재밌는 책은 책에 싫증난 아이도 들춰보게 하는 마법이 있다.

방법 3. 읽지 말고 갖고 놀아! 책 놀이, 몸 놀이로 관심 up

일이 잘 안 풀릴 때는 머리 말고 몸을 사용하면 생각보다 일이 쉽게 풀릴 때가 있다. 책 읽기가 싫은 아이에게는 몸으로 책을 갖고 놀게 하자. 책을 높이 쌓아보며 책 탑 만들기, 바닥에 책을 깔아 책 돗자리 만들기, 책을 밀면 좌르륵 넘어가는 책 도미노 놀이를 하며 책을 가지고 몸을 한껏 움직여본다. 무너진 책을 다시 쌓으며 책 표지 한 번 보고, 바닥에 깔린 책 위에 누웠다가 책 한 번 쓱 넘겨보며 책에 대한 흥미를 다시 찾는 시간을 갖도록 도와주자. 특별히 준비할 건 없다. 책만 있으면 가능한 몸 놀이는 아이들에게 '책은 즐거운 것'이라는 생각을 갖게 해준다.

방법 4. 책 관련 공연이나 전시를 찾아보자

아이와 책 관련 공연이나 전시를 가는 건 아이에게도, 부모에게도 즐거운 경험이다. 내가 아이와 처음 갔던 전시는 〈앤서니 브라운 그림 전시회〉였다. 단순한 그림책은 시시해 하고, 어려운 책은 잘 안 보려고 하는 아이를 위한 나름의 시도였는데, 다녀온 후에는 확실히 책을 기억하고 좋아했다. 아이는 그때부터 앤서니 브라운 책을 좋아하기 시작했고 지금도 최애 책 중 하나로 자리 잡았다.

이왕 아이와 연극이나 뮤지컬을 보러 갈 생각이라면 책과 관련된 작품을 골라보는 게 어떨까. 〈누가 내 머리에 똥 쌌어?〉, 〈알사탕〉, 〈돼지책〉 등 책 관련 공연이 은근히 많다. 요즘에는 마음만 먹으면 온라인으로도 전시나 공연을 간편히 볼 수 있다. 아이를 책으로 바로 데려가기 어렵다면 먼저 책과 관련된 전시나 공연을 보고 다시 책으로 돌아가는 전략을 사용해보자.

방법 5. 기다려주기

재밌는 것도 매일 하다 보면 질린다. 책을 잘 안 보는 시기는 아이가 커가면서 수시로 찾아온다. 걷고 뛰어다니면서 세상을 탐색하게 되는 두 돌 무렵에도, 궁금증이 많아지는 서너 살 아이에게도, 한글을 뗀 7살 아이에게도 책 권태기는 언제든지 찾아올 수 있다. 작가 다니엘 핑크가 말했듯 아이에게는 책을 볼 수 있는 권리도, 보지 않을 권리도 있다.

아이가 예전만큼 책을 안 본다고 윽박지르거나 '우리 아이가 이제 책을 안 좋아하는구나.' 하고 성급하게 결론짓는 건 금물이다. 책 속과 책 밖의 세상이 함께 친해지는 데 시간이 오래 걸리는 아이도 있고, 책을 조금씩 천천히 보고 싶어 하는 아이도 있다. 아이의 책태기도 자연스러운 과정으로 여기고 기다려주자. 그러다 보면 어느새 또 책을 보는 시기가 찾아온다. 가장 기본적이지만 중요한 해결 방법은 바로 우리 아이에 대한 믿음이다.

아이들을 끌어들이는 책

도서관에 처음 온 아이나 재밌는 책이 없다고 하는 아이들에게 보여주면 눈을 동그랗게 뜨고 입을 오므리며 집중해서 보는 책들이 있다. 책에 흥미가 없는 아이나 책이 시들해진 아이를 책 앞으로 끌어다 앉힐 수 있는 책들을 소개한다.

📖 형태가 특이한 체험 책

『**공룡은 살아있다** 미국 자연사 발물관/아이위즈 』	3D 증강 현실을 체험할 수 있는 책
『**우리가 사는 지구의 비밀** 캐런 브라운, 웨슬리 로빈스/사파리 』	불빛을 비추면 숨겨져 있던 그림이 나타나는 신기한 지식 그림책
『**아트 사이언스 시리즈** 보림 』	세 가지 렌즈를 이용해 그림을 보면 숨겨진 그림이 보이는 신기한 그림책
『**너도 보이니? 시리즈 세트** 월터윅/달리 』	현실인 듯 아닌 듯한 사진을 들여다보며 상상력을 펼쳐보는 숨은그림찾기 책
『**너도 찾았니? 시리즈 세트** 커스틴 롭슨/어스본코리아 』	공룡, 정글, 숲속, 바닷속 등 아이들이 좋아하는 세계 속에서 그림을 찾아보는 총 10권의 시리즈로 된 숨은그림찾기 책

『**수잔네 그림책 세트** 로트라우트 수잔네 베르너/보림』	봄, 여름, 가을, 겨울 네 권으로 이루어진 4미터 병풍 책
『**정글의 낮과 밤** 폴라 맥글로인/보림』	1.4미터 병풍 책으로 한쪽 면은 야광으로 된 숨은그림찾기 책

📖 길이가 길어지는 책

『**마고할미** 정근, 조선경/보림』	책 속 마고할미를 펼치면 가로로, 세로로 엄청나게 커지는 전통 그림책
『**100층짜리 집 시리즈 세트** 이와이 도시오/북뱅크』	한층 한층 올라가다 보면 어느새 100층에 다다르는 그림책
『**작은 씨앗** 문종훈/한림출판사』	위로 펼치면서 읽다 보면 씨앗이 어느새 큰 나무가 되는 자연 그림책

📖 사진 책

『**진짜 진짜 재밌는 그림책 시리즈 세트** 부즈펌』	공룡, 바다, 파충류, 곤충, 육식 동물, 거미 등이 책 속에서 바로 튀어나올 것 같은 생동감 넘치는 실사 위주 자연 관찰 책
『**내셔널지오그래픽 키즈 빅북 시리즈 세트** 블루래빗』	동물, 곤충, 새, 바다, 우주 등 유명 사진 작가들이 찍은 사진과 유아들의 눈높이에 맞는 질문들로 된 자연 백과사전

📖 아이들이 더 좋아하는 그림책 작가의 책

고대영

『지원이와 병관이 시리즈』

김영진

『엄마는 왜?』

『엄마는 회사에서 내 생각 해?』

『아빠는 회사에서 내 생각 해?』

『노래하는 볼돼지』

백희나

『구름빵』

『알사탕』

『장수탕 선녀님』

『이상한 엄마』

안녕달

『수박 수영장』

『당근 유치원』

『우리는 언제나 다시 만나』

밸러리 토머스

『마녀 위니 시리즈』

로렌 차일드

『난 토마토 절대 안 먹어』

『난 학교 가기 싫어』

『찰리와 롤라 시리즈』

앤서니 브라운

『고릴라』

『돼지책』

『우리 엄마』

『우리 아빠』

『우리는 친구』

미야니시 타츠야

『고 녀석 맛있겠다 시리즈』

『신기한 사탕』

『엄마가 정말 좋아요』

『내가 진짜 고양이』

에런 레이놀즈

『오싹오싹 팬티!』
『오싹오싹 당근』

서현

『눈물바다』
『간질간질』
『호라이』
『커졌다』

요시타케 신스케

『이게 정말 나일까?』
『이유가 있어요』

존 버닝햄

『검피 아저씨의 뱃놀이』
『마법 침대』
『에드와르도 : 세상에서 가장
못된 아이』

유설화

『슈퍼 거북』
『슈퍼 토끼』
『용기를 내, 비닐장갑!』
『으리으리한 개집』

윤정주

『꽁꽁꽁』
『꽁꽁꽁 좀비』
『꽁꽁꽁 피자』

구도 노리코

『삐악 삐악 시리즈』
『우당탕탕 야옹이 시리즈』

지식 책? 위인전?
그래도 OO책이 답이다!

7세

"선생님, 7세인데 학교 가기 전에 꼭 읽어야 하는 책 뭐가 있어요?"

아이가 6세에서 7세로 넘어갈 시기 많은 어머니들이 하는 질문 중 하나다. 예비 초등 부모들이 한글 떼기 다음으로 많이 고민하는 게 바로 '어떤 책을 읽힐까'다. 배경 지식을 키우기 위해서는 위인전도 읽어야 하고, 과학책이랑 수학책도 봐야 하고, 전래동화도 보면 좋고, 영어책도 봐야 하는데⋯ 마음이 분주하다. 1년 후의 아웃풋을 위해 1년간 열심히 인풋을 해줘야 하기 때문이다.

나 역시 아이가 일곱 살이 되던 해, 새로운 마음으로 대대적인 책장 갈이를 했다. 내년까지 입을 생각으로 아이 키보다 한 치수 큰 옷을 사는 버릇이 여기서도 나왔다. '초등학교 가서까지 봐야 해.'라며 발품 팔아 얻은 과학, 역사, 사회, 위인전 시리즈를 책장에 빼곡하게 꽂아두니 이만하면 됐다는 안도감이 들었다. 하지만 처음에는 잘 팔리던 책장 속의 책도 결국은 장식품이 되고 말았다. 아이의 입장에서는 갑자기 수준이 높아진 딱딱한 책은 두 번 세 번 볼 정도로 흥미가 생기지 않았던 것이다. 그래도 미련이 남아 '초등학교 가면 보여줘야지.' 하고 보관해두었던 책은 그 후로도 창고 행을 면치 못했다. 창고를 몇 번이나 비우며 깨달은 결론은 아이에게 필요한 책은 나중에까지 볼 책이 아니라 지금 당장 볼 수 있는 책, 지금 보고 싶은 책이어야 한다는 거였다. 그렇다면 지금 아이가 볼 수 있는 책은 어떤 책일까?

책 읽어주기의 목표

1. 그림책에서 줄글 책으로 넘어가기 위한 연습 기간으로 생각하자.
2. 장르에 구애받지 않고 다양한 책을 경험하도록 독려한다.
3. 독서 습관 굳히기. 지금도 늦지 않았다. 책을 싫어하는 아이도 서서히 독서 습관을 잡아준다.

어떻게 읽어줄까?

1. 아이와 한쪽씩 번갈아 가면서 읽는다.
2. 낭독하는 시간을 자주 갖는다.
3. 책 속 글자나 단어에 관심을 가지며 자연스럽게 한글을 익힌다.

이 시기 아이들은 유창한 언어력을 구사하기 시작하고 기승전결이 있거나 에피소드가 있는 이야기를 좋아한다. 또 상대방과 생각을 나누는 토론을 좋아한다.

연령	언어의 특징
만 5세	알고 있는 어휘 수는 2,000 ~ 2,500개에 이른다
	6~8개의 단어를 사용하여 문장을 만든다
	처음, 중간, 끝으로 이루어진 이야기의 구조를 이해한다
	복잡한 문장의 이야기를 듣고 다시 말해보는 능력이 향상된다
	발음이나 문장 구조와 관련된 유머나 수수께끼를 즐길 수 있다
	그림을 참조하지 않고도 인쇄된 글자를 알게 된다
	철자나 낱말을 쓸 수 있다
	자신의 미술 작품에 대한 설명을 기록한다

• 만 5세 유아의 언어 발달 특징_언어 지도 | 이하원, 박희숙, 원선아(2016) •

지식 책 VS 창작 책, 거꾸로 가는 책육아를 자처하다

"초등학교 들어가면 집에 역사책, 과학책 없는 집이 없는데 그거 초반에 조금만 보고 말아. 진짜 잘 보는 집 잘 없더라. 그냥 동화책이나 열심히 읽어주는 게 훨씬 나아. 수학도 국어가 돼야 하는 거더라고. 문해력이 안 되면 연산을 아무리 잘해도 문제 자체를 못 풀거든."

육아 선배의 조언에 따르면 지식은 나중에라도 충분히 배우고 연습할 수 있지만, 책 속 이야기를 읽어내고 공감하는 힘은 나중에 배운다고 배울 수 있는 게 아니라는 것이었다. 그동안 지식 책을 열심히 보여주지 못한 나의 느긋함이 괜히 빛나는 순간이었다.

'이 책을 읽혀야지.'라는 엄마의 의도가 다분한 책 선택은 실패할 확률이 높다. 아이에게 '예비 초등'이라는 타이틀이 생기니 '창작 책을 계속 읽어주고 싶은 마음'과 '다양한 지식 책을 보여주고 싶은 이성'이 자주 충돌하곤 했다. 하지만 책장 갈이의 실패를 겪고 난 뒤 내린 결론은 아직은 지식 책보다 창작에 흠뻑 빠져서 책 세상을 탐험할 때라는 것이다. 창작을 찾아 충분히 읽어주면서 좋은 지식 그림책도 함께 차곡 차곡 읽어가기로 했다. 5세까지 창작 책을 열심히 읽다가 6~7세에 지식 책을 찾아 읽는 보통의 수순과는 다르게 거꾸로 가는 방식으로 책을 읽어주기 시작했다.

『산딸기 크림봉봉 에밀리 젠킨스, 소피 블래콜/씨드북 』이라는 책은 표지가 예뻐서 아이가 고른 책이었다. 아이는 이 책을 읽으면서 "엄마 미국 보스턴에서 보스턴이 미국 수도야?", "엄마 샌디에이고도 미국에 있는 거야?" 같은 질문을 끊임없이 했다.

달의 모습이 바뀌는 그림이 아름다운 『달지기 소년 에릭 뮈바레/달리 』을 읽고 나서는 "엄마 보름달 말고 또 달 이름이 뭐였더라?" 하고 달의 이름을 궁금해하길래 그림을 그려가며 알려주기도 했다. 그림책이나 창작 동화를 꾸준히 읽다 보니 신기하게도 철학, 역사, 지리, 과학이 모두 연결되었다. 아이가 궁금해하는 부분을 찾다 보면 집에 있는 관련 지식 책도 끌어다 찾아보게 되었다. 지식 책을 보여주고픈 엄마의 아쉬운 마음이 그림책에서 충분히 채워졌다.

다시 그림책으로, 다시 창작 책으로

'큰 애가 아직도 그림책을 보고 있냐?'고 말하는 사람이 있다면 그림책을 한 번도 보지 않은 사람임에 틀림 없다. 0세에서 100세까지 보는 책이 그림책이라는 말도 있듯이 일곱 살은 편견 없이 그림책을 온전히 볼 수 있는 훌륭한 시기이다. 도서관에서 어린이 책을 분류할 때도 가장 공들이는 부분이 그림책 분야다. 서점이나 출판사에서 자료를 받은 대로, 혹은 책 제목이나 형태만 보고서 유아실 책으로 등록을 해버리고 나면, 초등학교 1~2학년들이 훨씬 더 많이 빌려 가는 바람에 결국 어린이실 책으로 바꾸는 경우가 종종 있다. 그만큼 그림책은 유아 책이라고 단정 지을 수도 없고, 글이 적은 책이 쉬운 책이라고 정의할 수도 없다.

창작 책 역시 마찬가지다. 옆집 아이가 5세에 보던 창작 전집을 우리 아이는 7세가 되어 흥미를 가질 수 있고, 같은 책이어도 아이가 6살 때 볼 때와 7살이 되어서 볼 때의 관점이 또 다르다. 3세에는 자연 관찰, 5세에는 수학·과학·인성 동화, 6세에는 전래동화·리더십 동화·경제 동화, 7세에는 역사·위인전처럼 출판 시장에 의해 정해진 독서 로드맵만 쫓아가다 보면 어떻게 될까. 만약 그 시기에 그 책을 읽지 못하면 우리 아이만 뒤처지는 것처럼 느껴진다. 5~6세에 못한 독서를 7세가 되어 갑자기 몰아서 할 수도 없고 그럴 필요도 없다.

책 읽기에 분야별 적기가 있을까? 물론 아이의 발달에 맞춰 도움이 되는 책을 보여주는 건 바람직하지만 그걸 놓쳤다고 해서 큰일이 일어나지는 않는다. 일곱 살은 유아기 독서의 종착점이 아니다. 초등 독서의 발판을 다지고 진정한 예비 독자로 나아가기 위한 시작점이다. 아직은 답이 정해진 지식과 논리를 가르쳐주기보다 그 논리를 스스로 만들 수 있는 감수성을 채우는 게 더 중요하다. 그런 감수성은 그림책과 창작 책으로 키울 수 있다.

말랑말랑한 감수성을 키워주는 지식 그림책	
『모른다는 건 멋진 거야』아나카 해리스, 존 로/아름다운사람들	
『꿀벌의 노래』커스틴 홀, 이자벨 아르스노/북극곰	
『안녕, 폴』센우/비룡소	
『민들레는 민들레』김장성, 오현경/이야기꽃	
『난 신기하고 이상한 것이 참 좋아!』나카가와 히로타카, 야마무라 코지/길벗어린이	
『달은 어디에 떠 있나?』정창훈, 장호/웅진주니어	
『씨앗은 어디로 갔을까?』루스 브라운/주니어RHK	
『나무 하나에』김장성/사계절	
『늦어도 괜찮아 막내 황조롱이야』이태수/비룡소	
『갯벌이 좋아요』유애로/보림	
『자라요 : 우리 DNA의 비밀』니콜라 데이비스, 에밀리 서튼/달리	

『어치와 참나무이순원, 강승은/북극곰』

『호박이 넝쿨째최경숙, 이지현/비룡소』

『눈 아래 비밀 나라케이트 메스너, 크리스토퍼 실라스 닐/사파리』

『떡 두 개 주면 안 잡아먹지이범규, 김용철/비룡소』

『그림자는 내 친구박정선, 이수지/길벗어린이』

『물 아저씨 과학 그림책 세트예림당』

『국시꼬랭이 동네 시리즈 그림책 세트사파리』

창작 동화

『시간 상자데이비드 위스너/시공주니어』

『세상에서 가장 맛있는 자장면이철환, 장호/주니어RHK』

『슈퍼 거북유설화/책읽는곰』

『우당탕탕, 할머니 귀가 커졌어요엘리자베드 슈티메르트, 카롤리네 케르/비룡소』

『엄마를 화나게 하는 10가지 방법실비 드 마튀이시윅스, 세바스티앙 디올로장/어린
이작가정신』

『망태 할아버지가 온다박연철/시공주니어』

『진정한 일곱 살허은미, 오정택/만만한책방』

『늑대가 들려주는 아기돼지 삼형제 이야기존 셰스카, 레인 스미스/보림』

『감자 이웃김윤이/고래이야기』

『마녀위니 시리즈 세트밸러리 토머스/비룡소』

『지원이와 병관이 시리즈 세트길벗어린이』

『고 녀석 맛있겠다 시리즈 세트달리』

『꿈꾸는 책방 본책대교』

『엄마 자판기조경희/노란돼지』

『친구의 전설이지은/웅진주니어』

둘째가 생겼어요, 다둥이 책육아

책육아의 고비는 둘째가 생겼을 때 찾아왔다. 둘째가 배 속에 있을 때는 졸음이 쏟아졌고, 태어난 뒤에는 신생아를 돌보느라 첫째에게 책을 읽어주는 시간이 현저하게 줄어들었다. 내 몸이 피곤하니 책은 무슨, TV를 틀어주고 싶은 마음이 굴뚝같았다.

하나와 둘의 차이는 생각보다 어마어마했다. 첫째한테 책을 읽어 주려고 하면 둘째가 와서 책을 뺐거나 방해했고, 둘째한테 책을 읽어 주고 있으면 혼자서 자기 책을 잘 보던 첫째가 어느새 다가와 와락 안 겼다. 가장 좋은 방법은 아빠가 아이 한 명을 도맡아 읽어주는 거였지 만, 남편은 매일 아이들이 잠든 후에야 집에 왔다. 그나마 첫째에게 시 간을 낼 수 있는 건 둘째가 잠든 후였다. 빨리 둘째를 재우고 첫째에게 책을 읽어줘야겠다는 생각에 초저녁부터 마음이 조급해지곤 했다. 어쩌다 첫째가 가까스로 재운 둘째를 실수로 깨우기라도 하면 나도 모르게 버럭 화를 냈다. 나의 조급함이 화로 연결되다니, 역효과였다. 책을 읽어주는 것뿐만 아니라 육아를 하다 보면 계획대로 되지 않는 게 더 많다. 그럴 때마다 그 현상에만 집중하는 건 나와 아이 모두에게 도움이 되지 않는다. 책 읽기는 한두 해 읽어주고 끝낼 일이 아니다. 길게 보고 멀리 가자.

하나보다 둘, 둘보다 셋에게 책 읽어주기가 쉽지 않은 일임은 분명하다. 하지만 너무 걱정하지 말자. 형제자매가 있어 유리한 점도 있다. 의욕과 열정만 앞서 뭣 모르고 했던 첫째 때의 시행착오가 둘째 때는 줄어든다. 또 서로가 서로에게 자극이 돼 자연스럽게 책 읽기 분위기가 만들어지기도 한다. 누구나 볼 수 있는 그림책이라도 나이 차이가 어느 정도 있다면 함께 읽어주기에는 무리가 있다. 형제자매의 나이 터울에 따라 어떻게 읽어줄 수 있을지 접근을 달리 해봐야 한다.

나이 차이가 서너 살 미만인 경우

터울이 적은 경우는 첫째 책을 둘째에게 바로 읽힐 수 있다는 장점이 있다. 둘이 비슷한 수준의 책을 보니 이보다 더 좋을 수가! 첫째와 둘째 책을 구분 없이 나란히 둘 수 있고 책을 사거나 빌릴 때도 함께 볼만한 책을 고를 수 있어서 좋다. 최대 장점은 아이에게 동시에 책을 읽어줄 수 있다는 점이다. 두 아이의 수준이 조금 달라도 하루는 첫째, 하루는 둘째에게 맞춰서 책을 읽어주거나 평균 수준의 책을 골라서 읽어줄 수 있다. 이때 두 아이가 모두 좋아할 만한 주제의 책이라면 더 좋다. 단, 둘 모두를 만족시키는 게 어렵다면 각자의 시간과 영역을 존중해야 한다. 책장에도 첫째 칸, 둘째 칸을 구분해서 아이가 스스로 좋아하는 책을 꽂아보게 하고, 각각의 아이가 읽고 싶은 책을 한 권 씩 정해서 공평하게 읽어주자.

나이 차이가 서너 살 이상인 경우

책을 둘에게 한꺼번에 읽어주기란 무리다. 이때는 첫째를 엄마 편으로 만들어야 한다. 다섯 살 터울이 나는 우리 집은 첫째가 나의 든든한 조력자였다(물론 매번 그러지는 않았지만). 첫째는 말이 어느 정도 통했기 때문에 좀 더 편한 마음으로 상황을 조율할 수가 있었다.

두 아이에게 책을 읽어주는 첫 번째 방법은 번갈아 가며 읽어주기다. 첫째에게 먼저 책을 읽어주면, 둘째는 첫째 책을 뺏거나 엄마 무릎을 독차지하기 위해 안간힘을 썼다. 나의 경우에는 먼저 둘째에게 책을 읽어주고, 그다음 첫째 책을 읽어주는 식으로 순서를 정했다. 둘째 책은 글이 적으니 첫째 책보다 훨씬 빨리 읽어줄 수 있었다. 대신 둘째가 만족할 만큼 책을 충분히 읽어주어 아이의 욕구를 충족시켜주려고 했다. 그러면 첫째에게 책을 읽어주는 동안 둘째도 떼쓰지 않고 기다리거나 다른 놀이를 찾아 또 거기에 몰두하곤 했다.

두 번째 방법은 첫째 동참시키기다. 첫째에게 자기 수준보다 한참 쉬운 둘째 책 읽어주기를 부탁했다. 첫째를 책 읽기에 동참시키니 첫째는 책을 소리 내 읽는 연습을 할 수 있고, 엄마 입장에서는 둘째 책을 읽어주는 동안 첫째를 내버려 두지 않아서 좋았다. 덕분에 나도 잠시 숨을 돌릴 수 있는 보너스도 얻었다.

터울이 나는 둘째에게 책을 읽어줄 때 주의할 건 첫째에게 꼭 동의를 얻어야 한다는 점이다. 말이 통하지 않는다고 둘째의 요구는 다 들어주고, 첫째는 컸으니 혼자 책을 봐도 되겠지 하고 방치하다가는 그동안 첫째에게 쌓은 공든 탑을 무너뜨리는 격이 되고 만다.

첫째도 둘째도 외면하지 않는
다둥이 책 읽어주기 팁

1. 역할 놀이하듯 책 읽기

책 읽고 연극 놀이하기는 아이들에게 가장 인기가 많은 도서관 프로그램 중 하나다. 아이들은 신체적·정서적 활동을 모두 포함해 자신이 직접 참여하는 책 읽기나 책 놀이를 좋아한다. 첫째는 가끔 전자펜으로 책을 읽었다. 그걸 가만히 보니 글자가 아닌 그림(책 속 동물이나 사람)에 펜을 갖다 대기만 해도 등장인물이 말을 했다. 아이는 책의 글자보다도 주인공이 하는 의성어나 짧은 말이 재미있는지 몇 번을 반복해서 들었다. 그걸 보고 아이디어를 얻어 책 속에 따옴표가 나오는 대화를 아이와 역할을 나눠 읽어보았다.

『누가 내 머리에 똥 쌌어?베르너 홀츠바르트, 볼프 예를브루흐/사계절』는 두더지가 똥을 싼 범인을 찾는 질문을 하면 여러 동물이 등장하면서 자기 똥을 보여주는 형식이 반복된다. 쉬운 문장이 반복되어서 아이와 번갈아 읽기 좋은 책이라 자주 읽었다. 두더지를 맡은 첫째가 "에그 이게 뭐야, 누가 내 머리에 똥 쌌어!" 하고 물으면 "나? 아니야. 내가 왜. 내 똥은 이렇게 생겼는걸." 하고 비둘기가 되었다가 토끼가 되었다가 하며 대답했다. 그랬더니 듣고 있던 둘째도 말을 흉내 내며 신이 났다. 이렇게 함께 읽으면 평소보다 훨씬 수월하게 책 한 권을 읽어줄 수가 있었다.

연기하듯이 책을 읽는, 공연적 읽기는 둘째가 더 좋아했다. 아직 글자를 몰라 함께 읽을 수는 없었지만, 엄마와 언니가 서로 주거니 받거니 책을 읽어주니 물개 박수를 치며 재밌어했다. 이렇듯 각자 역할을 나누어 보는 것만으로도 색다른 책 읽기 체험이 가능했다.

2. 기다리는 시간을 독후 활동하는 시간으로

책을 읽어주다 보면 첫째는 자기 순서를 기다리다가 씻지도 않고 잠들기도 하고, 둘째는 아예 다른 곳으로 장소를 이탈해 사고를 치기도 했다. 한 아이에게 책을 읽어주는 동안 방해받지 않으면서 옆에 붙들어놓을 수 있는 방법이 필요했다. 의외로 이 시간을 잘 이용하면 초간단 독후 활동 시간으로 쓸 수 있었다. 나는 5~10분의 틈새 시간 동안 아이가 혼자 집중할 수 있는 포스트잇 활동을 자주 하게 했다.

글씨를 아는 첫째에게는 책을 읽으며 모르는 단어가 나오면 포스트잇을 붙이라고 했다. 한창 책을 보다가 무슨 뜻이냐고 자주 묻는 첫째에게 제법 괜찮은 활동이었다. 모르는 단어를 국어사전에서 함께 찾아본 다음 포스트잇에 그 단어와 뜻을 적어보곤했다. 그렇게 단어와 뜻이 적힌 포스트잇을 붙여놓으면 다음에 책을 읽을 때도 한 번 더 그 단어를 익힐 수 있었다.

집중력이 5분인 둘째에게는 더 간단한 활동이 필요했다. 책 속에 나오는 사람이나 물건을 스케치북에 크게 그려주고 작은 스티커나 포스트잇으로 꾸며볼 수 있게 했더니 5분 정도는 벌 수 있었다.

물론 이런 방법에 앞서 전제가 되어야 하는 건 두 아이 모두에게 엄마의 사랑을 충분히 전해주는 것이다. 형제자매는 태어나서 처음으로 맞닥뜨리는 경쟁 관계이다. 나도 형처럼 되고 싶다는 인정 욕구, 나도 동생처럼 사랑받고 싶다는 애정 욕구를 채워줘야 긴긴 책 읽어주기 과정도 순탄하고 엄마도 편해진다. 둘 다 엄마 아빠에게 얼마나 특별하고 소중한지 평소에 자주 이야기하고 인정해주자. 그 중요성은 형제자매가 있는 부모라면 누구나 알지만 생각보다 잘 안되는 것 중 하나다. 아이들은 종종 책 하나를 두고 서로 자기가 읽을 거라고 싸우고, 먼저 읽어달라고 다투고 울고불고 할 때가 있다. 그럴 때 "넌 언니면서 왜 그래. 네가 양보 좀 해"라고 강요하거나 "너네 이러면 둘 다 안 읽어줄거야!"라고 소리치는 날은 아이에게도 엄마에게도 상처만 될 뿐이었다. 화가 날 때는 무리해서 읽어주는 것보다 엄마도 아이도 마음을 진정시키는 게 먼저다. 그런 후에 아이들과의 타협·회유가 가능하다. 엄마 무릎에 앞다투어 앉아 '엄마 나, 나 읽어줘' 하는 말 뒤에 진짜 숨은 뜻은 '엄마 나 좀 쳐다봐줘'인지도 모른다. 아이는 엄마가 '책'을 읽어주는 행위보다 엄마와 함께 있는 그 시간 자체를 원한다는 걸 기억하자.

형제자매 관계 개선에 도움이 되는 책

『달라질 거야앤서니 브라운/미래엔아이세움』

『순이와 어린동생쓰쓰이 요리코, 하야시 아키코/한림출판사』

『동생이 생긴 너에게카사이 신페이, 이세 히데코/천개의바람』

『형보다 커지고 싶어스티븐 켈로그/비룡소』

『흔한 자매요안나 에스트렐라/그림책공작소』

『내가 데려다 줄게송수혜/시공주니어』

『쾅쾅 따따 우탕이네정지영, 정혜영/웅진주니어』

『병에서 나온 형에밀리 샤즈랑, 오렐리 귀으리/책과콩나무』

『얄미운 내 동생이주혜/노란돼지』

『터널앤서니 브라운/논장』

『오빠와 나는 영원한 맞수패트리샤 폴라코/시공주니어』

『원숭이 오누이채인선, 배현주/한림출판사』

『언니는 돼지야신민재/책읽는곰』

『장난감 형윌리엄 스타이그/비룡소』

『병아리 싸움 도종환, 홍순미/바우솔』

『내가 형이랑 닮았다고? 정진이, 소윤경/사계절』

책육아,
워킹맘도 할 수 있다

육아 휴직을 끝내고 복직하면서 많은 것을 내려놓아야 한다는 걸 알고 있었다. 어린이집 하원 후 동네 구경하기, 놀이터 가기, 여유롭게 저녁 먹기, 책 쌓아놓고 읽기… 이런 사소한 일상조차 워킹맘에게는 욕심이라는 걸 알면서도 아쉬울 때가 많았다. 특히 돌이 지나자마자 입소한 어린이집에서 제일 일찍 등원하고 제일 늦게 하원하던 아이는, 엄마보다 어린이집 선생님과 보내는 시간이 더 많았다. 엄지손가락을 하도 빨아서 시뻘건 상처가 생긴 것도, 툭하면 감기에 걸려 병원을 내집 드나들 듯 다니는 것도 모두 내가 아이의 시간을 채워주지 못해서 생긴 일인 것 같아 미안하기만 했다.

집안일을 내려놓고 책 읽어주는 시간을 마련하자

퇴근하고 아이들 밥을 먹이고 씻기고 나면 싱크대에 쌓인 그릇과 화장실 문 앞에 널브러진 빨래 더미들, 발 디딜 틈 없이 어질러진 집이 한눈에 들어왔다. 때마침 '엄마 이거 읽어줘.' 하고 책을 들고 오는 아이에게 '그래.'라는 말 대신 "너 이거 정리 안 해?" 하고 소리치는 엄마로 돌변하기 일쑤였다. 그러다 책장에 오래도록 꽂아만 두었던 『믿는만큼 자라는 아이들나무를심는사람들』 책을 보게 되었다. '집이 당신을 위해 존재하는 거지, 당신이 집을 위해 존재하는 게 아닙니다. 아이들의 상상력을 키워주려면 너무 쓸고 닦고 하지 마십시오.' 이 부분을 보는 순간 눈이 번쩍 뜨이고 머릿속도 뻥 뚫렸다.

'다른 건 몰라도 아이들이 집에서 편안하게 쉬고 마음껏 책을 읽을 수 있기만 한다면 그걸 발판삼아 더 잘 자랄 수 있지 않을까?'

그 생각이 들자 여기저기 널브러져 있는 옷가지와 정리 안 된 책들, 바닥의 장난감이 생각보다 거슬리지 않았다. 회사에서는 일도 잘하고 싶고 집에서는 집안일도 깔끔하게 잘하고 싶었다. 하지만 그러다 아이가 하는 말 한마디, 표정 하나를 놓치면 그게 더 손해라는 걸 아이가 커가며 알게 되었다.

엄마인 내 컨디션이 건강하고 행복해야 아이에게도 편하게 책을 읽어줄 수 있다. 그래서 몸이 좀 힘들다 싶은 날이면 우선 먼저 내 기분을 건강하게 만들려고 애썼다.

헐렁한 책 읽기로 최소한의 목표 달성하기

직장을 퇴근하고 제2의 직장인 육아 출근을 하는 것만으로도 힘든데 거창한 목표를 세운 책 읽기까지 보태면 번아웃이 올 게 분명했다. 그래서 치열하고 열정적인 엄마표 대신 헐렁한 책 읽기를 하기로 했다. 책장 빼곡하게 영역별 책을 꽂는 대신 아이도 잘 보고, 나도 재밌게 읽어줄 수 있는 책을 골라서 헐렁하게 꽂아두는 걸 원칙으로 삼았다. 몇 권을 읽던지 권수에 집착하지 않고 하루 한 권이라도 물 흐르듯 자연스럽게 읽기, 재밌게 읽으면 그걸로 만족하는 책 읽기. 그렇게 느슨한 책 읽기를 하기로 했다. 양보다 질, 결과보다는 과정을, 아이와의 책 읽기만큼은 그렇게 하고 싶었다.

아이와 학습을 한다면 시간이 아니라 '양'을 정해서 하는 게 효율적이지만 책 읽기는 다르다. 10분, 20분이라도 책만 바라볼 수 있는 온전한 '시간'이 필요하다. 어떤 날은 한 권밖에 못 읽는 날도 있고, 어떤 날은 두세 권이 될 수도 있다. 권수를 따지거나 주변 엄마와 비교하는 건 아무런 이득이 되지 않는다. 아이와 충분한 시간을 보내지 못해 늘 미안한 워킹맘에게 필요한 건 아주 작고 쉬운 최소한의 목표 세우기다. 나의 경우는 하루 한 권 책 읽기, '아이'가 주도하는 책 읽기가 목표의 전부였다. 거창한 목표는 아이도 엄마도 쉽게 지치지만 쉽고 작은 목표는 성취감을 안겨준다. 아이에게 많은 시간도, 돈도, 열정도 투자하지 못했지만 책을 좋아하고 즐기는 아이로 자랄 수 있었던 것은 전력 질주가 아닌 산책 같은 헐렁한 책 읽기 덕분이었다.

'내가 시간이 많았다면 아이에게 더 책을 잘 읽어줬을까?' 코로나19를 겪으면서 아이와 붙어있는 시간이 많다고 해서 꼭 그 시간만큼 책을 보게 되는 건 아니라는 걸 알았다. 오히려 촘촘한 시간 속에서 휴대폰을 내려놓자 아이와 더욱 밀도 있는 책 읽기를 할 수 있었다.

잠자리 독서만이라도 꾸준히 하면 된다

퇴근이 늦는 날에도 잠자리 독서만큼은 꼭 해주려고 애썼다. 솔직히 말하자면 이것밖에 해줄 수가 없었다. 2년 정도를 그렇게 하니 잠자리 독서는 우리 집 일상이 되었고 그것은 우리 아이의 독서 습관을 키워준 일등 공신이 되었다.

워킹맘이라는 타이틀을 가진 채 힘든 나날을 보내는 엄마들에게 '그래도 할 수 있다면' 잠자리 독서만이라도 해볼 것을 권한다. 너무 잘하고자 무리하면 탈이 난다. 피곤하거나 마음이 어지러운 날은 과감히 책 읽기를 중단해도 좋다. 그냥 아이와 누운 채 옛날이야기를 들려주거나 아이와 함께 오늘 하루 있었던 일로 시시껄렁한 이야기를 지어보는 것도 스토리텔링이다. 방전된 하루를 아이와 책을 보며 마무리하면 생각보다 많은 것을 보상받을 수 있다. 아이를 꼭 안고 책을 읽고 있으면 아이를 향한 초조하고 미안한 마음이 어느새 수그러든다. 몸과 마음을 오롯이 책 속 이야기에 귀 기울이다 보면 아이도 나도 함께 잘 자라고 있구나 하는 행복감과 안도감이 몰려온다.

책 고를 시간이 없다면 아이의 가방 속 월간 계획표를 참고하자.

무슨 책을 보여줘야 할지, 책을 찾아볼 시간조차 없을 정도로 바쁘거나 피곤할 때는 어린이집이나 유치원에서 나눠주는 월간 계획표의 누리과정 주제를 보고 거기에 맞춰서 책을 골랐다. 예를 들어서 이번 달 활동 주제가 '동네, 이웃'이라면 인터넷 서점에서 '동네, 이웃, 마을' 같은 단어를 넣고 검색을 해본 뒤 재밌어 보이는 책을 골랐다. 그것마저도 찾아볼 시간이 없을 때는 봄, 여름, 가을, 겨울처럼 계절 또는 그 달의 공휴일, 특정 기념일과 연관된 책을 찾아 읽어주었다. 이게 바로 적기 독서지 뭔가. 도서관에서 책을 추천하거나 전시를 기획할 때도 결국은 '시의적절' 그 시기에 아이들에게 보여줄 만한 좋은 책을 큐레이션 하는 것에서부터 출발한다. 책 고를 시간도, 아이와 대화할 시간도 없다고 생각된다면 아이의 가방 속 가정 통신문을 살펴보자.

워킹맘이 아이와 함께 읽으면 좋은 책
『엄마는 회사에서 내 생각 해?김영진/길벗어린이』
『아빠는 회사에서 내 생각 해?김영진/길벗어린이』
『엄마가 달려갈게!김영진/길벗어린이』
『엄마의 이상한 출근길김영진/책읽는곰』
『이상한 엄마백희나/책읽는곰』
『할머니와 걷는 길박보람, 윤정미/노란상상』

『토요일 토요일에 오게 모라/보물창고』

『우리는 언제나 다시 만나 윤여림, 안녕달/위즈덤하우스』

『엄마 언제 와? 김수정, 지현경/봄볕』

성교육 책
언제 읽어줘야 할까?

"엄마! 엄마랑 아빠는 왜 그렇게 털이 많아? 나는 없는데."

"엄마, 엄마는 찌찌도 나오고 배도 나왔는데 나는 왜 배만 나왔어?"

아이는 다섯 살 무렵이 되자 엄마, 아빠의 알몸을 하나하나 분석하기 시작했다. 발가락 털 하나에서부터 속옷 입는 것까지 몸의 구석구석과 외모에 대한 궁금증은 끝이 없었다. "나~중에 어른이 되면 다 그렇게 변해."와 같은 말로 아이의 질문을 대충 무마시키곤 했지만, 마음이 편치 않았다. 내가 어렸을 때 그랬듯 우리 아이도 엄마 대답이 영 시원찮다고 생각하고 있지 않을까 하는 마음에 아이에게 보여줄 만한 책을 찾아보았다.

마침 『팬티 김미혜, 유경화/미래엔아이세움』라는 책이 집에 있었다. 책은 팬티의 정의와 종류, 유래부터 우리 몸의 청결까지 꽤 재밌게 알려주는 책이었다. 아직 다섯 살이 읽기엔 어려운 책이었지만 아이가 관심 있어 하는 그림 위주로 책을 읽어주니 제법 집중하며 보았다. 어디서부터 어떻게 설명해야 할지 고민되는 부분도, 직접 말로 하기 민망한 이야기도 책을 통해서는 편안하게 얘기할 수 있었다.

성교육 언제부터 할 수 있을까

사실 아이가 처음 그림책을 보기 시작할 때부터 우리는 성교육을 시작할 수 있다. 영아가 보는 그림책만 보더라도 남자아이, 여자아이의 그림이 다르게 구분되어 나온다. 책 속 아이가 머리에 리본 하나를 했나 안했나 하는 정도의 사소한 차이일지라도 말이다. 초기에는 아이에게 바른 성개념을 알려주는 게 중요하다.

에릭슨의 심리 사회적 발달 이론에 따르면 1년 6개월~4세를 자율성의 시기로 보며, 이때 자아의식이 싹튼다고 한다. 또 2~3세는 항문기의 시기로 배변 활동을 통해 인성 발달이 이루어진다고 보았다. 따라서 이 시기에는 아이와 최대한 스킨십을 나누면서 정서적 안정감을 갖는 게 우선이다. 무리한 배변 훈련 대신 배변 훈련과 관련한 책을 함께 보면서 천천히 이야기 나누는 것도 좋다. 예를 들면 남자아이는 쉬를 서서 하고, 여자아이는 앉아서 하는 이유를 간단하게 설명하는 것처럼 말이다.

성교육 책을 읽어줄 때

보통 아이들은 네다섯 살 정도가 되면 엄마, 아빠의 몸은 왜 다른지, 아기는 어디에서 나오는지 같은 질문을 쏟아내기 시작한다. 이런 질문이 시작될 때가 바로 성교육 책을 읽어줄 때다. 아이가 질문을 해오면 '우리 한번 알아볼까?' 하고 아이 수준에 맞는 그림책을 읽어주자. 네 살 아이가 "엄마, 나는 어디에서 나왔어?"라고 하는데 "앉아 봐. 정자와 난자가 있는데 이 둘이 만나면…"과 같은 설명은 곤란하다. 하지만 여섯 살 정도 됐을 때 물어봤다면 남녀의 구체적인 모습이 담긴 책을 읽어주어 궁금증을 충분히 채워주는 게 좋다.

임신한 엄마 덕분에 첫째는 여섯 살 때부터 인체학 박사가 될 것처럼 임신·출산 관련 책을 열심히 읽었다. 어떤 책은 신체가 생각보다 상세하게 묘사되어 있어서 읽어줄까 말까 고민한 적도 있었다. 그런데 막상 그런 장면을 같이 보면 부끄러운 건 내 몫이지 오히려 아이는 아무렇지도 않게 받아들였다. 괜히 그 부분을 빨리 읽고 넘어가려 했던 내가 민망할 정도로 재밌다며 또 읽어달라는 반응에 살짝 당황했던 적도 있었다.

이제 성교육은 더 이상 호기심의 대상만이 아니다. 가치관 정립의 문제이자 나 스스로를 지키기 위한 안전과 연관된 부분이다. 요즘은 어린이집이나 유치원에서부터 성교육이 이루어지고 있어 아이들도 『이럴 땐 싫다고 말해요_{마리 프랑스 보트, 파스칼 르메트르/문학동네}』 같은 책을 읽어주면 자연스럽게 받아들인다.

유아 성교육은 단순히 성에 관한 지식뿐 아니라 사람을 귀하게 여기는 것도 포함된다. 남녀가 가진 특성과 역할을 제대로 이해할 때 이를 바탕으로 아이들도 스스로 행복한 생활을 할 수 있다.

성교육 관련 책

유아교육기관에서는 성교육을 성기 중심 교육, 성 역할 교육, 성도덕 교육 이렇게 세 가지 프로그램(보육시설연합회, 서울시)으로 나누어 실시하고 있다. 여기서는 이에 맞춰 성교육 책을 세 부분으로 나누어 소개해 보고자한다.

성기 중심 교육

성기 중심 교육은 우리가 일반적으로 성교육이라 생각하는 남녀 신체차이에 관한 교육, 임신과 출생, 신체의 청결과 안전, 성폭력, 아이와 성인의 차이 등을 포함한다.

우리가 최종적으로 갖게 되는 인격이라는 것은 감수성 높은 유아기 시절 느끼는 여러 인상이 차곡 차곡 쌓여 만들어진다. 그런 의미에서 아름다운 그림과 재밌는 이야기로 이루어진 그림책을 통해 내 몸의 변화를 바르고 긍정적으로 알아가는 것은 매우 중요하다.

성 역할 교육

성 역할이란 남녀의 성별에 따라 기대되는 역할이다. 아이들은 태어나면서 엄마, 아빠의 성 역할 행동을 보고 익힌다. 세 살인 둘째에게 책을 읽어줄 때도 세탁기 그림이 나오면 '엄마'라고 말을 한다. 빨래는 엄마가 하는 일이라는 생각을 벌써 갖고 있는 거다.

아직 올바른 성 역할이 정립되지 않은 아이들이 주변 사람의 말 또는 행동이나 인터넷 매체 등을 통해 왜곡된 개념을 가지지 않고 올바른 판단을 할 수 있도록 하기 위해서도 성 역할 교육은 꼭 필요하다. 성의 차이가 역할의 차이가 아닌, 각자 똑같이 중요한 역할을 한다는 것을 알려주는 책을 선택해서 읽어주자.

성 역할 교육에 도움이 되는 책

『종이 봉지 공주 로버트 문치, 마이클 마첸코/비룡소』

『돼지책 앤서니 브라운/웅진주니어』

『루비의 소원 S.Y. 임 브리지스, S. 블랙올/비룡소』

『알록달록 내 손톱이 좋아!
알리시아 아코스타, 루이스 아마비스카, 구스티/대교꿈꾸는달팽이』

성도덕 교육

아이들에게 자신을 사랑하고 다른 사람도 존중하고 사랑할 것을 가르쳐 삶에 대한 긍정적인 시각을 갖게 하는 교육이 성도덕 교육이다. 어릴 적 고정 관념은 커서도 바뀌기가 쉽지 않으므로 아이들에게 성에 대한 부정적인 인식이나 왜곡된 성 지식을 심어주지 않는 게 무엇보다 중요하다. 아이들은 궁금한 것을 엄마 아빠와의 대화나 책 속 이야기를 통해서 자연스럽게 배울 수 있고, 부정적인 상황에서의 대처법도 그림책을 통해 거부감 없이 알아갈 수 있다.

성도덕 교육에 도움이 되는 책

『생명 축제 시리즈 세트 구사바 가즈히사, 헤이안자 모토나오/내인생의책』

『이럴 땐 싫다고 말해요 마리 프랑스 보트, 파스칼 르메트르/문학동네』

『나는 아무나 따라가지 않아요! 다그마 가이슬러/풀빛』

『세상에서 가장 아름다운 달걀헬메 하이네/시공주니어』

『난 싫다고 말해요베티 뵈거홀드, 가와하라 마리코/북뱅크』

성교육 책 시리즈

『둥개둥개 귀한 나 성교육 동화 세트별똥별』

『엄마 아빠와 함께 보는 성교육 그림책 세트정지영, 정혜영/비룡소』

『별똥별 성교육 동화 세트별똥별』

똑같은 책을
계속 읽어줘도 될까?

"너 또 이 책 가지고 왔어?"

나도 모르게 이 말이 불쑥 튀어나왔다. 잠자리 독서 시간에는 항상 아이에게 직접 책을 골라오게 했는데, 언젠가부터 장난감 세트에 들어 있던 공주 책만 가져오니 살짝 짜증이 밀려왔다. '집에 책이 그리 없나? 좀 더 다양한 책을 접하게 도와줘야 할까?' 하는 의문에서 시작된 질문은 '얘가 책을 안 좋아하나?' 하는 의심으로 끝이 나곤 했다.

"너 왜 자꾸 이것만 읽으려고 하는 거야? 다른 책 다 놔두고."

"재밌으니까 그렇지. 이거 진짜 재미있단 말이야."

아이의 대답에는 조금의 망설임도 없었다. 그 말이 정답이었다. 재밌으니까 보는 거다. 마음에 드는 책을 반복해서 보는 것은 도서관에서도 흔히 볼 수 있는 아이들의 일반적인 모습이었다. 재밌는 책은 도서관 책꽂이에 숨겨놨다가 보고 또 보는 아이들을 그렇게 봐왔으면서 막상 내 아이가 그렇게 하는 건 다른 이유가 있을 거라고 생각했다. 사실 같은 책을 읽고 또 읽는 아이는 반가운 신호를 보내고 있는 중이다. 「반복해서 보고 싶은 책이 있어요 ➡ 책읽는 게 너무 재밌어요 ➡ 책에 대한 애착을 갖게 되었어요」라고. 아이의 대답을 듣고서야 그 신호를 제대로 감지할 수 있었다.

아이에게 편독을 허하라!

아이들이 5세 이전에 공주, 공룡, 자동차 책만 좋아하는 건 그 시기의 관심사에 따른 자연스러운 현상이다. 첫째의 공주 사랑은 네 살 때 시작되었다. 일부러 아기 때부터 중성적인 색의 옷을 입히고, 자동차 장난감도 사주었지만 핑크 사랑, 공주 사랑은 멈출 줄을 몰랐다. 반면 남자아이들은 비행기, 자동차, 공룡, 우주선이 나오는 책을 끊임없이 보고 싶어 한다. 이미 집에는 변신카, 미니카 컬렉션을 만들어놓거나 이름도 어려운 수많은 공룡을 줄지어놓았으면서도 도서관에 오면 하나같이 자동차나 공룡 책만 찾는다. 특히『엄청나게 큰 공룡 백과알렉스 프리스, 파비아노 피오린/어스본코리아』처럼 도서관에서 인기 있는 공룡 책은 서가에 꽂히기가 무섭게 빌려 갔고,『진짜 진짜 재밌는 공룡 그림책베로니카 로스, 브라이트 스타/부즈펌』은 하도 봐서 책이 너덜너덜해질 정도였다.

첫째의 공주 사랑이 해를 넘어 길어지고 있을 때 '아이에게 계속 책 선택권을 줘도 될까?' 하고 고민했다. 그런데 지나고 보니 이것도 한때였다. 다섯 살 돼서도 쪽쪽이 하는 아이 없다는 말처럼 한 주제의 책만 보는 시기도 영원하지 않다. 그 시기가 지나니 자연스럽게 또 다른 주제로 관심이 옮겨갔다. 엄마 욕심에는 좋은 책을 골고루 읽혀주고 싶겠지만 그 마음은 잠시 미뤄두자. 같은 책을 또 가져와도 입술 한번 질끈 깨물고 즐겁게 읽어주자.

좋아하는 주제가 있다는 건 장점이다

첫째는 아기 때부터 신발이 나오는 책을 좋아했는데, 크면서는 공주 또는 발레하는 주인공이 나오는 책을 유난히 좋아했다. 귀여운 캐릭터 책이나 앤서니 브라운 작가처럼 상상을 많이 하게 되는 책을 사랑했다. 또 할머니, 아빠, 엄마 등 가족을 소재로 한 책은 실패가 없었다. 아이가 자주 읽어달라고 하는 책, 보고 또 봐서 내용을 줄줄 외우는 책을 가만히 살펴보면 아이의 독서 수준과 취향을 알 수 있었고 때문에 책 고르기가 한결 쉬웠다.

공주 책을 좋아하는 아이에게는 빨간 모자 같은 명작 동화, 겨울왕국 같은 애니메이션 책, 바리데기 공주 같은 전래동화 등 다양한 영역의 책을 읽도록 도와줄 수 있다. 또 공룡 덕후인 아이에게는 공룡이 주인공인 창작 동화를 보여주거나 공룡 화석 발견지를 보면서 세계지도 책을 같이 보여줄 수도 있다. 공룡 크기나 무게로 숫자를 익히고, 다양한 먹이사슬을 연계해서 또 다른 동물 책으로 확장해서 볼 수도 있다. 좋아하는 주제가 있다는 건 이처럼 영역과 난이도에 상관없이 다양한 책을 흡수할 수 있는 장점이 된다.

조선의 독서광 김득신은 사마천의 사기에 나오는 백이열전을 무려 1억 1만 3천 번을 읽고 최고의 시인이 되었다. 조선의 실학자 정약용은 수천 권의 책을 읽어도 그 뜻을 정확히 모르면 읽지 않은 것과 같으니 여러 차례 반복하여 머릿속에서 떠나지 않게 하라고 했다. 미적분학의 원리를 발견한 라이프니츠는 어렸을 때부터 몇 번이고 같은 책을 읽는 재독법으로 책을 읽었다. 가만히 보면 아이는 같은 책을 봐도 항상 똑같이 보는 게 아니었다. 한동안 첫째는 외롭고 힘든 엄마가 곰으로 변하는『엄마는 왜? 김영진/길벗어린이』책을 며칠 동안 읽고 또 읽었다. 전날은 엄마 곰이 아이들을 꼭 안아 주는 장면에서 눈을 떼지 못하더니, 다음날은 엄마가 곰으로 변신해서 잠든 장면을 한참 동안 보고 있었다. 그러면서 "엄마도 곰으로 변신하고 싶어?" 하고 의미심장한 질문을 던지기도 했다. 아마 내일은 책의 또 다른 부분에 마음이 머물 것이다. 같은 책을 반복해서 보면서 책의 구석구석까지 보는 시야를 갖게 된 것이었다. 아이들은 같은 책을 읽어도 그때그때 다른 생각을 하며 새롭게 읽는다. 매일 다른 생각 주머니를 키워나간다.

평생 독서가로 살아갈 아이들은 이제 막 독서 레이스의 출발 선상에 섰다. 그런 아이들에게 처음부터 '다양한 주제의 책을 보겠지.' 하고 기대하는 건 걷지도 못하는 아기의 양팔을 잡고 점프해보라고 요구하는 것이나 마찬가지다. 오히려 한두 가지 주제에 치우쳐 책을 읽는다면 기쁘게 받아들일 일이다. 자기가 좋아하는 주제를 연료로 앞으로 더 힘찬 주행을 할 수 있을 테니깐 말이다. 아이가 너무 편향된 독서를 하는 것 같은가? 그렇다면 지금이야말로 아이가 좋아하는 주제의 책을 폭넓게 보여줄 수 있는 기회로 삼아보자.

독서 편식을 해결할 수 있는 확장 독서. 어렵게 생각하지 말자!

흥미가 없어서 안 보는 것과 몰라서 못 보는 것은 다르다. 아이들에게 다양한 주제의 책을 알려주는 것은 중요하다. 물론 그 분야에서 가장 재밌는 책이라면 더 좋다. 재밌는 책이란 내용이 재밌는 것은 물론 우리 아이의 흥미를 고려한 책, 지금 우리 아이가 필요로 하는 책이어야 한다. 책은 읽어야 하는 것이 아니라 재밌어서 읽는 것이어야 한다.

책 편식을 해결하는 방법으로 확장 독서, 연계 독서를 많이 이야기한다. 확장 독서, 연계 독서가 뭘까? 확장 독서를 하려면 집에 책이 많아야 한다고 생각하는 사람들이 있다. 특히 전집 회사에서는 책의 방대한 분량이 주는 장점 중 하나로 한가지 주제에서 넓은 주제로 가지치기 해나가는 연계 독서가 가능하다는 점을 강조한다. 집에 책이 많으면 연계 독서를 해주기 유리한 건 맞다. 하지만 모든 주제의 책을 집에 갖추는 게 현실적으로 어려울뿐더러 책이 많다고 꼭 그 책을 다 보는 것도 아니다.

책을 읽을 때마다 마인드맵을 그리고, 의도적으로 다른 주제로 확장해서 책을 읽어주는 건 생각만 해도 피곤하다. 아이와의 책 읽기는 쉽고 재밌어야 한다. 개울에서 올챙이를 발견하고 올챙이를 한참 동안 관찰하다가, 집에 와서 올챙이나 개구리 관련 책을 찾아보는 것처럼, 진짜 궁금해서 찾아보는 게 확장 독서다. 확장 독서 중 체험보다 좋은 것은 없다. 별자리가 무엇인지 궁금해하는 아이에게 천문대에 직접 가서 별을 관찰하는 것만큼 효과적인 방법이 또 있을까. 당장 어린이 천문대를 찾아 예약 버튼을 누르는 게 최고다. 하지만 그럴 수 없다면 차선책으로 집 앞에서 별을 관찰해보는 거다. 스마트폰에서 별자리 앱을 다운로드해 집 앞의 밤하늘을 관찰하며 별자리에 대해 알아보는 것으로 천문대 가는 걸 대신할 수도 있다. 별자리를 관찰하다 보면 아이들은 꼬리에 꼬리를 물고 갖가지 질문을 하기 시작한다. 지금이 확장 독서를 해야 할 타이밍이다! 아이의 질문이 나오기 시작할 때 별자리 이야기가 나오는 책을 찾아서 아이에게 보여주자. 아이가 어리다면 정확한 별자리 이름을 소개하는 지식 책보다는 밤하늘을 상상하고 별자리에 친근해질 수 있는 책을 고르자. 그러고 나서 야광 스티커나 야광 팔찌로 자기 전 엄마와 간단하게 놀이를 해보는 정도만 해도 아이는 별자리와 하늘, 우주에 대한 관심이 훨씬 확장될 수 있다. 만약 여섯 살 이상의 큰 아이라면 조금 더 구체적인 천문학 이야기가 나오는 지식 책을 보여줌으로써 아이의 궁금증을 충분히 채워주는 게 좋다.

확장 독서의 또 다른 방법,
비슷한 책 연결 지어 읽기

확장 독서의 또 다른 방법은 아이가 좋아하는 책과 비슷한 구조를 가진 책, 비슷한 인물이 나오는 책, 비슷한 시리즈나 캐릭터 책, 같은 작가의 책을 찾아서 보여주는 방법이다. 도서관에서는 아이들에게 다양한 책을 읽게 하고 그림책의 세계를 폭넓게 보여주기 위해 이런 식의 큐레이션을 종종 하곤 한다. 집 한 켠에 도서관에서 빌린 책을 꽂아두거나 책장 속 책을 정리하다 보면 집에서도 얼마든지 비슷한 책 연결 짓기가 가능하다.

칙칙폭폭 소리를 내며 『기차 ㄱㄴㄷ 박은영/비룡소』를 재밌게 보던 아이와는 기차가 나오는 『기차가 출발합니다 정호선/창비』, 『야, 우리 기차에서 내려 존 버닝햄/비룡소』, 『감귤 기차 김지안/재능교육』를 읽었다. 용감해서 괴물이 하나도 무섭지 않다고 하는 아이와 『괴물들이 사는 나라 모리스 샌닥/시공주니어』, 『숲속 괴물 그루팔로 줄리아 도널드슨, 악셀 셰플러/비룡소』, 『절대로 누르면 안 돼! 빌 코터/북뱅크』, 『정말 정말 한심한 괴물, 레오나르도 모 윌렘스/웅진주니어』를 연결시켜 읽어보기도 했다.

또 누구나 아는 명작 동화나 고전 그림책을 패러디한 책을 찾아 함께 읽어주니 훨씬 이야기할 거리가 풍부했다. 『아기돼지 삼형제』를 읽고는 패러디 책 『늑대가 들려주는 아기돼지 삼형제 이야기 존 셰스카, 레인 스미스/보림』, 『늑대야, 너도 조심해 시게모리 지카/미운오리새끼』, 『아기돼지 세 자매

프레데릭 스테르/파랑새어린이 』를,『곰 세 마리』를 보고서는『나와 너앤서니 브라운/웅
진주니어 』,『골디락스와 공룡 세 마리모 윌렘스/살림어린이 』를 함께 읽어보며 틀
린 점을 찾아보기도 했다.

아이가 말놀이 책에 한창 빠졌을 때는『김수한무 거북이와 두루미 삼
천갑자 동방삭소중애, 이승현/비룡소 』,『티키 티키 템보아를린 모젤, 블레어 렌트/꿈터 』
처럼 재밌는 말이 반복되어 노래처럼 불러볼 수 있는 책을 보여주며
말놀이의 재미를 만끽할 수 있게 해주었다.

이렇게 꼬리에 꼬리를 무는 독서 방식 중 가장 쉽게 할 수 있는 방법
은 같은 작가의 책을 모아서 읽어주는 거다. 같은 작가의 책을 읽어주
면 아이들은 책 속의 인물과 사물들을 자유롭게 연결시키고, 상상력
을 발휘해 스스로 책들 사이의 공통점을 찾아낸다. 다섯 살만 되어도
아이들은 책을 그냥 읽지 않는다. 그림을 유심히 보면서 자기 생각을
풀어낸다.

첫째가 다섯 살 때 백희나 작가의 책들을 읽어주었더니 다 보고 나
서는 "엄마,『구름빵』에서 만든 구름을 타고『이상한 엄마』가 온 거
야?", "『장수탕 선녀님』이 옷 갈아입고『이상한 엄마』로 변신한 거
야?"라는 질문들을 해서 나를 놀래켰다. 이혜란 작가의『뒷집 준범이
보림 』를 읽고 나서『우리 가족입니다보림 』를 읽으면 아이들은 '어? 같은
동네인데?'라고 추측하기도 한다. 실제로『뒷집 준범이』는『우리 가
족입니다』의 후속작이다. 또 유설화 작가의 책을 보면 책 속에 작가의
다른 책을 찾아보는 재미가 있다. 가령『슈퍼 토끼책읽는곰 』책 속의 영

화 상영작 간판 그림을 보면 『으리으리한 개집^{책읽는곰}』『슈퍼 거북^{책읽는}^곰』, 『밴드 브레멘^{책읽는곰}』처럼 작가의 다른 작품들이 걸려있다. 이런 숨은그림찾기는 아이들에게 여러 책을 찾아 읽는 재미를 주고 그림책 속 그림을 적극적으로 볼 수 있는 힘을 키워준다.

혼자 읽을 수 있는 아이, 언제까지 읽어줘야 할까?

아이가 한글을 뗐다고 해서 '이제 책 읽어줄 일은 없겠지.' 하고 생각한 건 나의 섣부른 판단이었다. 그림책의 글자 정도는 혼자서 너끈히 읽을법한 아이는 여전히 엄마의 무릎과 목소리를 원했다. 혼자서 책을 읽을 수 있는 아이는 왜 계속 책을 읽어달라는 걸까.

첫째, 아이가 아직 혼자서는
책 내용을 정확히 이해하지 못하기 때문이다

글자를 읽는 것과 책을 읽는 것은 다르다. 아이가 글자를 유창하게 읽는다고 해도 책 내용을 제대로 파악하지 못했을 가능성이 크다. 아이들은 단순히 반복해서 들었던 문장을 마치 글자를 알고 있듯 술술 읽기도 한다. 대부분의 학자들은 아이가 만 14세까지는 책을 읽어주라고 말한다. 듣는 능력과 읽는 능력이 같아지는 나이는 12세이지만, 완전히 읽고 이해하는 능력은 만 14세가 되어야지 길러진다는 것이다. 어쩌면 아이들은 책 속에 모르는 내용이 나와도 그냥 넘긴 채 다 읽었다고 말하고 있는 건지도 모른다.

그렇다면 아이가 책을 잘 이해했는지는 어떻게 알 수 있을까? 같이 읽어보는 수밖에 없다. 책을 읽어주면서 아이와 상호 작용을 해봐야 알 수 있다. 책에 나오는 어려운 단어를 아이가 그냥 지나치는 건 아닌지, 웃긴 장면에서 웃을 줄 아는지, 심오한 장면에서 심각한 표정을 짓는지, 내용을 물어봤을 때 잘 답하는지 등 아이의 반응을 살펴봐야 한다.

7세쯤 되면 유아 책과 어린이 책의 경계가 모호해진다. 그림이나 내용이 재밌어 보여서 읽고는 싶은데, 어려운 단어가 많이 나와 진도가 잘 안 나가는 경우가 있다. 그럴 때 아이는 평소보다 읽는 속도가 느려져 책 읽기가 답답하고 어렵게 느껴진다. 그래서 여전히 엄마가 읽어주는 게 더 재밌다고 느낄 수 있다. 이때는 아이 한쪽, 엄마 한쪽 번갈아가며 읽어보는 방법을 추천한다.

그리고 이때 아이에게 잘 읽고 있다고 격려해주는 게 중요하다.

어떤 책은 글자가 별로 없는 그림책이라도 그 안에 담긴 내용이 철학적이거나 어려울 수가 있다. 초등 1~2학년 추천 도서 목록에 그림책이 많은 것도 그 이유다. 보기에 쉬워 보이는 책을 아이가 읽어달라고 할 때도 있을 것이다. 그럴 때 엄마가 "이것도 못 읽어?", "엄마 바쁘니까 나중에 읽어줄게. 혼자 좀 읽어봐." 하고 말하는 게 반복되면 어떨까. 아이는 다시는 엄마한테 읽어달라고 부탁하지 않겠다고 마음 먹을 것이고, 그만큼 책과의 거리도 멀어지게 된다.

둘째, 엄마의 애정을
확인하고 싶은 마음 때문이다

아이들은 아기 때는 울음으로, 조금 더 커서는 엄마 손을 잡아끄는 행동으로, 커서는 "엄마 책 읽어줘!"라는 말로 '엄마 안아줘.', '엄마 뽀뽀해줘.', '엄마 놀아줘.', '엄마 나랑 있어 주세요.'라는 말들을 대신한다. 사람들이 책 읽어주는 팟캐스트나 오디오북을 듣는 이유가 뭘까. 누군가 책을 읽어주면 마음이 편해지고, 어려운 책도 쉽게 이해되기 때문이다. 스스로 읽게 하고 싶다면 더 많이 읽어주며 기다려주자. "엄마 나 이제 혼자 읽을 거니까 방해하지 마!"라고 말할 때까지.

읽기 독립,
절대 급하지 않다

  아이가 자라면서 완성하는 발달 과업은 엄마에게 큰 기쁨을 안겨준
다. 기저귀 챙기느라 바빴던 게 어제같은데 어느새 기저귀를 떼고, 언
제까지 떠먹여 줘야 하나 싶던 아이가 혼자서 숟가락질을 한다. 이렇
게 아이가 하나씩 해낼 때마다 그 모습이 대견하기도 하고 엄마 손이
덜가니 육아가 조금은 수월해진다. 그런 기쁨과 편함을 누리고 싶어
아이가 뭐든 좀 빨리했으면 하는 엄마의 욕심은 이제 빨리 말을 잘했
으면, 빨리 한글을 떼면, 빨리 혼자 책을 봤으면 하는 바람으로 이
어진다. 다만 이런 일련의 과정에서 아이가 스트레스받지 않고 편안
하게 연습할 수 있게 도와주는 게 가장 중요하다는 사실 또한 우리 엄
마들은 알고 있다. 아직 준비도 되지 않은 아이를 배변 훈련을 시킨다
고 변기에 앉히고, 글자에 흥미도 없는 아이에게 한글을 가르치겠다고

단어 카드를 내미는 건 아이와 엄마 서로의 힘만 뺄 뿐이다.

첫째를 키우며 빨리 한글을 떼고 더 폭넓은 교육을 시키고 싶은 마음이 있었다. 둘째가 태어나니 더욱 첫째의 책 읽어 주기에서 해방되고 싶다는 생각이 들기도 했다. 하지만 좌충우돌 과정 끝에 얻은 결론은 한글 떼기도 읽기 독립도 엄마의 진도가 아니라 아이의 진도를 따를 수밖에 없다는 것이었다.

육아의 궁극적인 목표가 무엇일까? 바로 독립이다. 부모가 해주지 않아도 아이 스스로 살아갈 수 있는 힘을 기르는 게 바로 진정한 독립이고, 책을 통해서 그런 힘을 기를 수 있게 키우는 게 바로 책육아다. 그런 의미에서 읽기 독립이야말로 아이가 스스로 읽을 책을 결정하고 책 속에 들어갔다 책 밖으로 나왔다 하며 책과 소통하는 것이다. 부모의 품을 떠나 온전한 나로써 살아가기 위해 아이만의 세상을 만들어 가는 첫 단계인 것이다.

우리 아이 읽기 독립, 점검할 것 두 가지

'글자도 제법 아는 것 같고 혼자서 책도 읽기 시작했는데 이제 아이 혼자 책을 읽게 돼도 괜찮을까?'

아이가 한글을 떼고 나면 으레 다음 관문인 아이 혼자 책 읽기, 즉 읽기 독립을 생각하게 된다. 제법 혼자서도 책을 읽는 모습에 읽기 독립이 되었다는 생각이 들지만 확신하기는 이르다. 한글 떼기가 곧 읽기 독립은 아니기 때문이다. 진정한 읽기 독립이란 글자 그 자체를 읽는 게 아닌 글자 속에 담긴 뜻을 제대로 읽어내는 능력을 말한다. 과연 우리 아이 읽기 독립이 언제가 적기인지, 어떻게 해야 하는지 고민이라면 아래 두 가지를 점검해보자.

첫째, 아이가 혼자 읽고 싶어 하는가

항상 '엄마 이 책 읽어줘~' 하고 책을 들고 오던 아이가 어느 순간 혼자 책을 꺼내 조용히 읽는 날이 부쩍 늘기 시작한다. "엄마가 읽어줘?" 하고 물어보면 "아니!" 하고 단호하게 대답하는 아이는 '혼자 읽고 싶으니 방해하지 마시오!'라는 뜻을 담은 거절 의사를 보내온다. 이제 읽기 독립을 시작해도 좋다는 신호다. 읽기 독립 시기는 절대적으로 아이가 정하는 것이다.

둘째, 아이가 책을 이해하고 있는가

진정한 읽기 독립은 문장을 '읽는' 데에서 나아가 '해석'할 수 있는가에 있다. 영어 문장을 읽을 수는 있어도 그 뜻을 해석하기 어렵기 때문에 공부가 필요한 것처럼 한글도 읽을 수 있는 것과 그 의미를 내가 설명할 수 있는가는 다른 문제다.

아이가 책을 이해하고 있는지 확인하기 위한 가장 쉬운 방법은 질문해보기다. 그런데 형식적이거나 과도한 질문은 숙제 검사처럼 느껴져 오히려 아이가 책 읽는 데 거부감을 가질 수 있다. 그러므로 엄마가 먼저 내용을 파악해보고 슬쩍 지나가는 말로 질문을 던져보자.

아이가 책 내용을 이해하고 있는지 확인하는 또 한 가지 방법은 함께 읽어보기다. 일곱 살이 되면서 아이가 보는 책이 한 페이지에 대여섯 줄이 넘어가니 책 한 권을 다 읽어주는 데 부쩍 힘이 들었다. 그때 내가 자주 사용했던 방법은 아이와 한 페이지씩 번갈아 가면서 읽기였다. 그렇게 책을 읽다 보면 도중에 웃긴 장면이 나오기도 하고, 심각한 장면이 나오기도 하는데, 그럴 때 아이의 표정이나 반응을 살펴보면 지금 이 책을 제대로 이해하고 있나 확인할 수 있었다. 아이가 웃긴 부분에서 아무 반응도 없다면? 아이는 읽고 있는 척만 했을 가능성이 크다.

읽기 독립을 향해 갈 때 이렇게 도와주자

스트레스 주지 않기

이제 막 영어 단어를 알기 시작한 아이에게 영어 문장을 한글로 해석하라고 하면 얼마나 어려울까. 한글을 뗀 지 얼마 되지 않아 혼자 읽어보라고 하는 것도 이와 마찬가지다. 아직은 쉽고 재밌게 읽는 게 우선이다. 책 읽는 부담감으로 아이에게 스트레스를 주면 독서 자체에 흥미를 잃을지도 모른다.

속독 대신 음독

아이에게 독서란 그림과 글자를 연결 지어 생각하고, 글자 속 숨은 의미를 생각하는 것이다. 여기에 속도는 중요치 않다. 아직은 책을 탐색하는 시기이다. 빠르게 읽는 것보다는 짬짬이 틈새 독서를 하면서 이 책, 저 책 알아보는 게 더 중요하다. 책을 정확히 읽고 싶다면 음독을 해보는 게 좋다. 소리를 내서 읽는 음독의 효과는 여러 가지가 있지만 읽으면서 문장을 한 번 더 생각해 보게 하는 힘이 있다. 잘 모르는 단어가 한두 개 나오더라도 소리 내서 읽다 보면 앞뒤 문맥으로 미루어 자연스럽게 이해가 될 때도 있고, 잘 몰랐던 단어를 더 정확하게 알게 되기도 한다. 나중에 학교 가서 책 읽고 발표하는 연습을 미리 해본다는 생각으로 소리내어 읽어보는 시간을 자주 갖도록 하자.

다독보다 한 권을 끝까지

아이가 6세가 지나면 이제 반복 독서보다는 다독을 더 많이 하게 된다. 그런데 읽기 독립을 위해서는 가급적 한 권의 책을 끝까지 읽는 게 중요하다. 물론 이때는 아이가 충분히 혼자서 잘 읽을 수 있을 정도로 쉽고 흥미를 느끼는 재밌는 책이어야 한다. 우리 집도 아이가 어렸을 때 좋아했던 책은 처분하지 않고 간직하고 있다. 한 권을 처음부터 끝까지 혼자 읽으며 성취감을 경험한 아이는 어떤 책이든지 읽어보겠다고 도전할 것이다.

우리 아이 읽기 독립을 도와주는 책

아이의 읽기 독립을 위해서 꼭 따로 책을 장만할 필요는 없다. 아이가 평소 읽는 것보다 약간 쉬운 책이나 어렸을 때 좋아했던 책을 다시 읽어보는 것도 좋다. 다만 받침 없는 동화는 읽기 독립보다는 한글을 익힐 때 보기 좋으며, 문고판 책은 그림책에서 줄글로 넘어가기 위해 도움을 주는 책은 맞지만 읽기 독립을 위한 필독서는 아니다. 여기서는 책의 글밥이나 수준을 고려할 때 읽기 독립을 향해 가는 과정에서 읽어볼 만한 책들을 소개한다.

읽기 독립을 위해 읽어보면 좋은 책
『학교에서 똥 싼 날이선일, 김수옥/푸른날개』
『위니를 찾아서린지 매틱, 소피 블래콜/미디어창비』
『세상에서 가장 큰 여자 아이 안젤리카앤 이삭스, 폴 젤린스키/비룡소』
『책 먹는 여우 시리즈 세트 프란치스카 비어만/주니어김영사』
『11마리 고양이 시리즈 세트바바 노보루/꿈소담이』
『병만이와 동만이 그리고 만만이 세트허은순, 김이조/보리』
『코끼리와 꿀꿀이 세트모 윌렘스/봄이아트북스』
『지원이와 병관이 시리즈 세트 고대영, 김영진/길벗어린이』
『핀두스의 아주 특별한 이야기 시리즈풀빛』
『13층 나무 집앤디 그리피스, 테리 덴톤/시공주니어』

『26층 나무 집앤디 그리피스, 테리 덴톤/시공주니어』

『39층 나무 집앤디 그리피스, 테리 덴톤/시공주니어』

『52층 나무 집앤디 그리피스, 테리 덴톤/시공주니어』

『EQ의 천재들 세트도서출판무지개』

『엉덩이 탐정 시리즈 세트트롤/아이세움』

『난 책 읽기가 좋아 1~2단계 세트비룡소』

『마이 프렌드 마르틴 시리즈때올비』

『우리글 창작 그림책 글끼말끼 시리즈한국몬테소리』

『개구쟁이 특공대 시리즈 유키노 유미코/꼬마대통령』

책을 많이 읽으면
정말 공부를 잘할까

수능 만점자들의 비결 중 '교과서만 충실히 공부했어요.' 만큼이나 거짓말 같은 말이 있다. 바로 '그냥 어렸을 때부터 책을 좋아했어요.' 라는 말이다.

"고등학교 3년 내내 오전 7시쯤 등교해서 한 시간 동안 몸풀기 겸 편하게 책을 읽었다. 그렇게 책을 읽은 것이 쌓여서 문제 푸는 데 도움이 된 것 같다."

2020년 수능 만점자 중 한 명의 인터뷰 기사는 많은 사람들의 주목을 받았다. 그가 수능 만점의 비결로 '독서'를 언급했기 때문이다. 이 학생은 수능 한 달 전까지 매일 한 시간씩 책을 읽었다고 한다. 학교에 남들보다 일찍 와서 읽은 책은 입시 위주 책이 아닌 소설, 과학, 철학 같은 다양한 분야의 책이었다. 이 기사를 보고 우리 아이도 책을 좋아하는 아이로 컸으면 좋겠다고 생각한 건 나뿐만이 아닐 것이다.

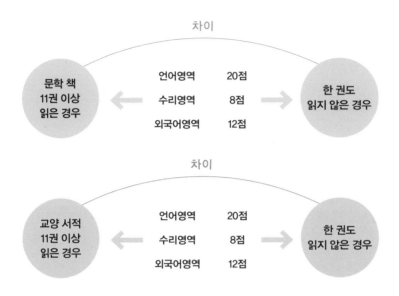

• 독서·신문 읽기와 학업 성취도, 그리고 취업(한국직업능력개발원, 2015) •

한국직업능력개발원에서 고교생 4,000명을 추적 분석한 자료에 따르면 부모의 학력 수준이나 가구 소득보다 청소년 시절 독서량이 학업 성취도에 큰 영향을 준다고 한다. 언어영역은 물론이고 수학, 영어, 사회 등 모든 공부의 바탕은 결국 읽기다. 독서는 읽기를 가장 잘 훈련할 수 있는 가장 쉽고 영향력이 큰 도구임이 틀림없다.

청소년 시절 독서를 하려면 어떻게 해야 할까. 매년 발간하는 국민독서실태조사 결과를 보면 초등학교 때까지 독서량이 많다가 청소년기로 가면 급격히 감소한다. 이제 전 국민의 문해력을 걱정하는 수준까지 오게 되었다. 책을 잘 읽던 아이도 학업 때문에 못 읽게 되는 게 우리 현실인데 어릴 때도 책을 접하지 못한다면 어떨까. 책보다 재밌는 것들에 빠질 확률이 더 높을 수밖에 없다.

도서관에서 오래 근무하다 보니 어릴 때 봤던 아이가 중학생, 고등학생이 돼서도 여전히 책을 빌리러 오는 경우가 종종 있다. 그 아이의 성적을 일일이 확인해보지는 못하지만 한 가지 확신하는 건 중학교, 고등학교 때 도서관에 오는 아이는 대학생이 되어서도 오고, 취업하고 나서도 당당하게 도서관에 올 가능성이 크다는 것이다. 도서관에 자주 와서 스스로 책을 빌려 가는 아이들은 공통점이 있다. 자기가 원하는 바를 잘 전달할 줄 알고 도서관에서 제공하는 작은 책 정보도 놓치지 않고 챙겨간다는 점이다. 나는 이게 스노우볼 효과 덕분이라고 생각한다. 책을 많이 읽으면 자연스럽게 논리적으로 생각하고 말할 수 있는 능력이 커지게 되고, 책을 읽으면 읽을수록 책에 대한 관심과 책을 고르는 안목이 눈덩이처럼 커지는 것이다.

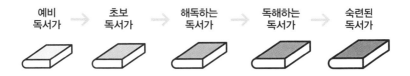

• 메리언 울프의 독서 발달 5단계 •

미국 아동 발달학 교수 메리언 울프는『책 읽는 뇌_{살림출판사}』에서 독서 발달 5단계를 제시한다. 우리 아이가 해독 독서가, 숙련된 독서가가 되기 위해서는 첫 단계인 예비 독서가의 단계가 필요하다. 갑자기 이 단계를 건너뛰고 책을 유능하게 읽기는 힘들다. 예비 독서가, 즉 유아기에 부모가 책을 읽어주며 아이의 독서량을 늘려주고 독서 능력을 단련할 수 있는 힘을 키워줘야 한다.

선행이 필수인 시대가 되었다. 학교 방학은 선행하기 위한 최적의 시간이라 불리고, 학교를 들어가기 전에 한글, 영어, 수학, 한자를 어느 정도까지 습득하기 위해 유치원에서부터 초등 과정을 선행한다. 하지만 내가 생각하는 최고의 선행은 바로 독서다. 초등학교에 가서 엉덩이 딱 붙이고 뭔가를 배우기 시작하기 전에 자유롭게 다양한 탐색을 즐겁게 해볼 수 있는 경험을 쌓는 것! 그걸 가장 쉽고 편하게 연습해볼 수 있는 방법이 바로 독서이기 때문이다.

독서가 실질적으로 아이들에게 어떤 도움을 줄까?

첫째, 독서는 배경 지식을 쌓아준다. 책에서 재밌게 봤던 내용이 교과서에 나온다면? 반갑고 신기할 것이다. 배경 지식이 있다는 건 우리의 머릿속에 연결 고리가 생겼다는 뜻이다. 그 고리는 학교에서 배우는 여러 과목에 연결할 수 있다. 그러면 공부가 어렵지 않고 재밌고 편안하게 느껴진다. 심리학에 '칵테일 파티 효과'라는 게 있다. 1,000명 이상이 참여하는 북적이는 파티에서도 자기 이름이나 자기가 관심 있는 단어는 자연스럽게 들리는 현상을 말한다. 전에 한 번 들어본 적 있는 단어, 관심이 있는 단어는 두 번째, 세 번째 보게 되면 더 친근하고 호기심이 가기 마련이다.

둘째, 지적 호기심을 길러준다. 외식 경영 전문가 백종원은 어렸을 때 아버지를 따라 여기저기 새로운 음식을 많이 먹으러 다닌 경험이 요식업을 하는 데 큰 도움이 되었다고 말한다. 요즘은 아이뿐만 아니라 어른이 되어서도 내가 뭘 좋아하는지, 내가 뭘 잘하는지 몰라 방황한다. 경험을 해봐야 깨닫고 알 수 있는 것이 있는데 그럴 기회가 없다는 게 문제다. 하지만 걱정하지 말자. 부모가 자식에게 해줄 수 없는 것, 어른이 우리 아이에게 줄 수 없는 것을 책이 대신해서 줄 수 있다. 책은 아이들에게 지적 호기심을 일으키게 하거나 이를 확장하는 기회를 만들어준다. 호기심이 모든 배움의 시작이라고 한다면 책은 모든 배움의 열쇠가 될 수 있다.

물론 책을 읽는다고 반드시 그게 학교 성적으로 연결되지는 않는다. 또 책을 읽지 않아도 어느 정도의 성적은 나올지도 모른다. 하지만 딱 거기까지다. 멀리 내다보자. 숙련된 독서가로 가기 위해서는 자칫 사소해 보이는 예비 독서가의 시간을 차곡 차곡 쌓아야 한다. 그 과정에서 말랑말랑하게 책을 읽을 수 있는 아이의 독서 근육이 만들어진다. 그리고 어느 순간 책 속으로 몰입할 수 있는 힘을 기르게 된다. 어릴 때부터 책을 가까이해서 아이 스스로 책 읽기를 즐기게 되면, 그 가운데서 아는 것과 궁금한 것이 생겨난다. 그것들을 모으고 해결하면서 아이는 스스로 공부하는 재미를 느끼게 된다.

● 지난 5년간 전국 도서관에서 사랑받은 ●
유아 책 베스트 50

순위	서명	저자	출판사	출판 년도
1	수박 수영장	안녕달	창비	2015
2	바다 100층짜리 집	이와이 도시오	북뱅크	2014
3	장수탕 선녀님	백희나	책읽는곰	2012
4	강아지똥	권정생, 정승각	길벗어린이	1996
5	100층짜리 집	이와이 도시오	북뱅크	2009
6	지하 100층짜리 집	이와이 도시오	북뱅크	2011
7	만희네 집	권윤덕	길벗어린이	1995
8	도깨비를 빨아 버린 우리 엄마	사토 와키코	한림출판사	1991
9	솔이의 추석 이야기	이억배	길벗어린이	1995
10	엄마 까투리	권정생, 김세현	낮은산	2008

26	거짓말	고대영, 김영진	길벗어린이	2009
27	구름빵	백희나	한솔수북	2019
28	오싹오싹 당근	애런 레이놀즈	주니어RHK	2020
29	달 샤베트	백희나	책읽는곰	2014
30	아씨방 일곱동무	이영경	비룡소	1998
31	하늘 100층짜리 집	이와이 도시오	북뱅크	2017
32	똥벼락	김회경, 조혜란	사계절	2001
33	고양이는 나만 따라해	권윤덕	창비	2005
34	엄마가 정말 좋아요	미야니시 다츠야	길벗어린이	2015
35	완벽한 크리스마스를 보내는 방법	에밀리 그래빗	비룡소	2020
36	용돈 주세요	고대영, 김영진	길벗어린이	2007
37	두발자전거 배우기	고대영, 김영진	길벗어린이	2009
38	달님을 빨아 버린 우리 엄마	사토 와키코	한림출판사	2013
39	지하철을 타고서	고대영, 김영진	길벗어린이	2006
40	바삭바삭 갈매기	전민걸	한림출판사	2014

• 출처: 국립중앙도서관 정보나루(2015~2020 기준) •

책 놀이는 책을 좋아하지 않는 아이들에게 책에 대한 호기심을 갖게
해주고, 책을 좋아하는 아이들에게는 책 너머에 있는 세계까지 탐색
할 수 있도록 도와준다. 이제 책을 맛보고 두드려보고 깊이 들여다
볼 수 있는 확장의 시간을 가져보자.

이 장에서는 실제 도서관 현장에서 진행했던 책 놀이 중 간단하고
쉬워서 집에서 아이들과 해보았던 놀이를 신체 놀이, 미술 놀이, 탐구
놀이 세 가지로 나누어 소개했다. 같은 책 놀이도 어떤 책과 연결되
느냐에 따라 놀이가 다르게 느껴질 수 있다. 이미 알고 있던 놀이일지
라도 새로운 느낌으로 다른 책과 또 다른 연결 고리가 만들어진다면
좋겠다.

Chapter 3

준비도 1분

치우는데도 1분

집콕 책 놀이

★ 꿈틀꿈틀~ 애벌레처럼 ★
요술 풍선 터널 놀이

아직 걷지 못하는 아기들은 기어서, 큰아이들은 풍선에 몸을 대지 않고 통과하기라는 미션을 주고 해볼 수 있는 놀이에요. 풍선으로 간단히 터널을 만들고 몸을 움직여봐요. 아이들은 몸을 움직이면서 상상력을 키우고, 자기 표현력을 배울 수 있어요. 또 가족이나 친구와 함께 통과 놀이를 하며 유대감을 쌓고 정서적 안정감을 키울 수 있어요.

- 연령 0~7세
- 읽을 책 『꿈틀꿈틀 애벌레 기차 니시하라 미노리/북스토리아이』
- 책과 연결하기 책 속에서 아파트 단지역, 농장역, 터널을 지나 땅속 마을 역까지 애벌레 기차를 타고 곤충 동산을 여행하고 있네요. 이번에는 내가 애벌레가 되어 가고 싶은 곳으로 떠나볼까요? "이번 역은 어디에요?", "이번 역은 OO역입니다."처럼 질문을 주고받으며 꿈틀꿈틀 몸을 움직여보세요.
- 관련 책
  『나는 애벌레랑 잤습니다 김용택, 김슬기/바우솔』
  『배고픈 애벌레 에릭 칼/더큰』

재료 요술 풍선(긴 풍선), 두루마리 휴지

· 놀이 방법

1. 요술 풍선 3~4개를 불고 매듭을 묶어요.

2. 바닥에 두루마리 휴지를 양쪽에 두고 요술 풍선 양끝을 끼워 터널 모양을 만들어요.

3. 풍선에 몸이 닿지 않도록 애벌레처럼 터널을 통과해요.

4. 요술 풍선 터널 놀이 완성이에요.

Tip. 알록달록 색색의 풍선으로 무지개 터널을 만들 수 있어요. 작은 터널을 통과하기 어려워하는 아이라면 풍선 2개를 연결해 더 큰 터널을 만들어요. 터널 놀이가 끝나면 긴 풍선을 몸에 매달아 꼬리잡기 놀이도 할 수도 있어요.

★ 찢고, 뭉치고, 던지고 ★
신문지 눈 놀이

쉽게 구할 수 있는 신문지나 종이를 찢거나 구기는 활동은 아이들의 스트레스 해소와 소근육 발달에 도움을 줘요. 다 논 다음에는 치우기도 간단해서 엄마가 더 좋아하는 놀이랍니다.

· **연령** 0~7세

· **읽을 책** 『눈 오는 날에즈라 잭 키츠/비룡소』

· **책과 연결하기** 책을 읽고 눈 오는 날에 대해 상상해봐요. 내가 좋아하는 눈 모양을 신문지로 만들어도 좋아요. "눈이 오면 뭐할까?" 이야기 나누며 눈 오는 날을 상상해요.

· **관련 책**

『SNOW: 눈 오는 날의 기적샘 어셔/주니어RHK』

『눈이 오면이희은/웅진주니어』

『두더지의 고민김상근/사계절』

『용기 모자리사 데이크스트라, 마크얀센/책과콩나무』

『신문지야 놀자이송은, 서미경/국민서관』

재료 신문지, 테이프, 상자

· 놀이 방법

1. 신문지를 길게 찢고 동글동글하게 뭉쳐서 눈을 만들어요.

2. 눈을 뿌리면서 눈이 오는 날을 상상해요.

3. 만든 눈을 비닐봉지에 담고 가운데를 묶어서 눈사람을 만들어요.

4. 마지막에는 만든 눈을 상자에 던져서 눈을 모아요.

Tip. 신문지로 격파를 하거나 모자를 만들어보며 중간중간 다양한 신문지 놀이를 해볼 수 있어요.

연관 놀이 신문지를 길게 찢고 뿌리며 우산을 쓰고 노는 비 놀이를 해보세요.

★ 책을 쌓아보자 ★

북트리 만들기 놀이

읽은 책을 차곡 차곡 쌓아서 북트리를 만들어요. 책을 쌓았다가 무너뜨리면서 책과 친해지는 시간이 된답니다. 어떻게 쌓아야 나무 모양이 될까 생각하면서 만드는 놀이는 공감각을 키워줍니다. 책을 다 쌓은 후에는 전구를 달아서 세상에 하나밖에 없는 특별한 크리스마스트리를 꾸며보세요.

- 연령 4~7세
- 읽을 책 『여러 가지 크리스마스트리 오오데 유카코/아이노리』
- 책과 연결하기 "너는 어떤 크리스마스트리를 만들고 싶어?" 책에 나오는 다양한 크리스마스트리를 보며 아이와 이야기 나눌 수 있는 책이에요. 도토리로 만든 트리, 얼음으로 만든 미끄럼틀 트리, 진주로 만든 빛나는 트리 등 동물들의 크리스마스트리 중 어떤 게 마음이 드는지, 나라면 어떤 트리를 만들지 이야기해보고 크리스마스의 소망도 나눠보세요.
- 관련 책

『커다란 크리스마스트리가 있었는데 로버트 배리/길벗어린이』

『크리스마스트리 미셸 게/시공주니어』

『졸려 졸려 크리스마스 타카하시 카즈에/천개의바람』

재료 책 40권 이상, 꼬마전구

• 놀이 방법

1. 큰 크기의 책으로 밑단을 튼튼하게 쌓아요.

2. 원을 그리며 책을 계속 쌓아요.

3. 윗부분에는 책을 한 권씩 포개서 원하는 높이만큼 쌓아 올려요.

4. 북트리 전체에 꼬마전구를 두르고 자유롭게 꾸며요.

Tip. 밑단을 너무 크게 만들면 트리를 완성하기가 힘들어요. 모양에 신경 쓰지 말고 아이가 자유롭게 만들 수 있도록 해주세요. 마음에 안 들면 언제든지 다시 무너뜨리고 쌓으면 돼요.

★ 누가 멀리 날리나 ★
수박씨 멀리 보내기 놀이

여름에는 수박을 잘라 냠냠 먹고 수박씨는 퉤퉤 뱉지요. 뱉은 수박씨를 모아서 누가 멀리 날리나 내기를 해보아요. 수박을 관찰하기도 하고, 여름에 먹는 과일에 관해 이야기도 하며 계절감을 익혀보세요. 엄마, 아빠와 함께 서로의 얼굴에 씨를 붙여보는 시간은 가족 간 교감을 나누고 놀이의 즐거움을 경험할 수 있게 해준답니다.

- 연령 4~7세
- 읽을 책 『수박씨를 삼켰어! 그렉 피졸리/토토북』
- 책과 연결하기 수박을 먹다 보면 수박씨를 삼킬까, 뱉을까 고민하기도 하고 나도 모르게 꿀꺽 삼켜버리기도 해요. 그런 아이들에게 수박 먹는 즐거움과 기발한 상상을 만들어주는 책이에요. 책의 주인공인 악어처럼 씨를 삼키지 않으려면 어떻게 하면 좋을지 아이와 이야기를 나누며 씨를 멀리 날려보는 게임을 해보세요.
- 관련 책

  『수박 김영진/길벗어린이』

  『수박 동네 수박 대장 히라타 마사히로, 히라타 케이/북스토리아이』

  『수박 수영장 안녕달/창비』

· 놀이 방법

1. 수박을 먹고 수박씨를 모아요.

2. 바닥에 흰 종이나 흰 비닐을 깔고 입에 있는 수박씨를 뱉어서 멀리 보내요.

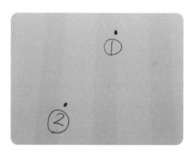

3. 누가 멀리 보내나 게임을 해요.

4. 서로 누가 더 많이 얼굴에 수박씨를 붙이나 내기를 해보는 것도 재밌겠죠?

Tip. 바닥의 공간이 좁으면 '○○까지 날리기'처럼 목적지를 정해두고 수박씨를 날려볼 수 있어요.

연관 놀이 수박씨를 화분에 심어보는 활동을 연계해보세요.

신체 놀이

★ 다 같이 먹자 ★

대형 만두 만들기 놀이

습자지와 전지만 있으면 세상에서 가장 커다란 만두를 빚을 수 있어요. 색색깔 습자지를 이용해 빨간색은 고기, 초록색은 부추, 노란색은 숙주라고 상상해보세요. 전지로 만두피를 만들고 습자지 만두소를 넣어서 커다랗고 동그란 만두를 만들어 보아요.

- 연령　0~7세
- 읽을 책　『손 큰 할머니의 만두 만들기채인선, 이억배/재미마주』
- 책과 연결하기　설날에 대해 알아보고, 설날에 먹는 우리 고유의 음식인 만두에 관해 이야기를 나눠보아요. 책에 나오는 할머니는 동물들과 다 같이 나눠 먹을 큰 만두를 만들어요. "왜 이렇게 큰 만두를 만들었을까?", "손이 크다는 것의 진짜 뜻은 뭘까?" 질문을 나눠보며 만두에 담긴 의미를 알려주세요. 주위 사람들과 음식을 나눠 먹으며 서로의 복을 빈다는 명절 음식에 관해서도 이야기 나눠볼 수 있겠지요. 어떤 만두를 만들고 싶은지 아이와 이야기하며 상상의 요리 시간을 가져볼까요?
- 관련 책

『우리 우리 설날은임정진, 김무연/푸른숲주니어』

『떡국의 마음천미진, 강은옥/발견』

『설날김영진/길벗어린이』

『오늘은 뻥튀기 먹는 날이서연/꿈터』

재료 전지, 가위, 습자지(빨강, 노랑, 초록), 양면테이프

· 놀이 방법

1. 전지를 반으로 접고 반달 모양으로 잘라요.

2. 색색의 습자지를 손으로 길게 찢어 준비해요.

3. 찢은 습자지로 만두소를 만들 듯 비비며 반죽해보아요.

4. 잘라놓은 만두피 모양 전지에 습자지 만두소를 넣고 양면테이프로 붙여요.

Tip. 아이들이 전지로 만두 모양을 자르는 건 어려울 수 있으니 부모님이 도와주세요. 마지막에 만두소를 넣고 양면테이프를 붙일 때는 종이가 찢어지지 않게 주의해요.

연관 놀이 아이들이 습자지를 찢고 뿌리며 자유롭게 노는 시간을 충분히 즐기게 해주세요. 습자지 대신 색지나 신문지를 활용할 수도 있어요.

★ 내가 만들고, 내가 맞추는 ★
책 표지 퍼즐 만들기 놀이

한 번 만들면 계속 가지고 놀 수 있는 책 퍼즐 만들기를 소개해요. 퍼즐을 맞추는 조작 놀이는 소근육 운동을 돕고, 패턴을 익히면서 공감각 능력도 향상시켜줍니다. 중간에 퍼즐이 잘 안 맞춰지더라도 부모님이 도와주면서 끝까지 완성할 수 있도록 지켜봐주세요.

· 연령 4∼7세

· 책과 연결하기 평소 아이가 좋아하는 책 표지를 이용해서 퍼즐을 직접 만들어 볼 수 있어요.

· 관련 책

『자꾸자꾸 모양이 달라지네 팻 허친즈/보물창고』

『고양이 알릴레오 강지영/느림보』

『아름다운 모양 한태희/한림출판사』

『난 거미가 정말 정말 싫어 로렌 차일드/국민서관』

재료 책 표지(출력한 종이), 양면테이프, 우드록, 연필, 자, 칼

· 놀이 방법

1. 양면테이프를 이용해 책 표지를 우드록에 붙인 뒤 남은 부분을 잘라요.

2. 연필과 자를 이용해 퍼즐 조각을 만들 수 있도록 선을 그어요.

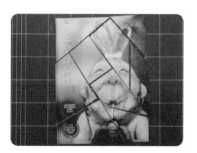

3. 자를 대고 그은 선을 칼로 반듯하게 잘라요.

4. 퍼즐 조각을 섞은 뒤 아이와 함께 다시 맞춰요.

Tip. 아이의 수준을 고려해 퍼즐을 몇 조각으로 만들지 정해요. 우드록을 자를 때는 꼭 부모님이 도와주세요. 우드록 대신 두꺼운 종이나 박스를 이용해도 좋아요. 보관 시 지퍼백이나 통에 넣어두고 책 표지 그림을 붙여두면 찾기 쉬워요.

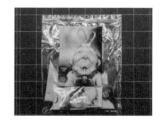

미술 놀이

★ 조물조물 빨고 탁탁 털고 ★
빨랫줄 빨래 널기 놀이

책에서 봤거나 우리 집에서 나오는 다양한 빨랫감을 그리거나 색칠해서 빨랫줄에 널어보아요. 일상생활에서 자주 접하는 빨래 널기 역할놀이는 아이의 상상력과 공감 능력을 키워줘요. 빨래집게를 사용하면서 손의 조작력도 키울 수 있어요.

- 연령 4~7세

- 읽을 책 『도깨비를 빨아버린 우리 엄마 사토 와키코/한림출판사』
  『도깨비를 다시 빨아버린 우리 엄마 사토 와키코/한림출판사』

- 책과 연결하기 책 속의 빨래하기 좋아하는 엄마처럼 아이와 함께 빨고 싶은 것을 정하고 그림으로 그려보세요. 빨아서 지워진 도깨비 얼굴을 어떻게 새로 그려주면 좋을지 이야기를 나눠도 좋겠지요. 책 속에서 엄마가 외치듯이 "꼼짝 마!" 하고 외치며 신나게 빨래 널기를 즐겨요.

- 관련 책

『빨래하는 날 프레데릭 스테르/파랑새어린이』

『월요일은 빨래하는 날 메리 안 선드비, 테사 블랙햄/보랏빛소어린이』

『도와줘, 빨래맨! 강승연, 서영/그레이트키즈』

재료 종이, 네임펜, 색연필, 손코팅지, 가위, 세숫대야, 마끈, 집게

· 놀이 방법

1. 다양한 빨랫감을 손으로 그려요.

2. 그림을 색칠하고 손코팅지로 코팅한 뒤 오려요.

3. 세숫대야에 물을 받아서 빨래 그림을 넣고 조물조물 빨래 놀이를 해요.

4. 물기를 털고 마끈으로 만든 빨랫줄에 집게를 이용해 빨래를 널어요.

Tip. 종이나 코팅지를 가위로 오릴 때는 부모님이 옆에서 꼭 지켜봐주세요. 코팅 대신 부직포로 빨랫감을 만들 수도 있어요. 빨랫줄 대신 평소 집에 쓰는 건조대를 이용해도 좋아요.

★ 딱딱한 등껍질을 완성하라! ★
거북이 등껍질 꾸미기 놀이

딱딱한 거북이 등껍질을 생각하며 거북이 등을 꾸며요. 달걀 껍데기를
깨고 빻는 활동은 아이들의 조작 능력을 키우고 즐거운 몰입의 시간을
만들어준답니다.

- 연령 4~7세

- 읽을 책 『슈퍼 거북 유설화/책읽는곰』

- 책과 연결하기 토끼를 이긴 거북이 꾸물이는 슈퍼 거북이라는 별명을
  얻고 순식간에 슈퍼스타가 돼요. 사람들은 거북이를 흉내내고 거북이
  등껍질을 사기도 하지요. 책 속 그림을 자세히 관찰하면서 나만의 거북
  이 등껍질을 표현해요. 토끼와 거북이의 경주에 대한 이야기를 나누며
  거북이 그림을 완성해보아요.

- 관련 책

  『토끼와 거북이 제리 핑크니/열린책들』

  『초록 거북 릴리아/킨더랜드』

재료 달걀 껍데기, 방망이, 도화지, 색연필, 목공풀

· 놀이 방법

1. 달걀 껍데기를 깨끗이 씻어 말린 뒤 방망이를 이용해 잘게 빻아요.

2. 도화지에 거북이를 그리고 색연필로 색칠해요.

3. 목공풀을 이용해 거북이 등 부분에 빻아놓은 달걀 껍데기를 붙이고 자유 롭게 꾸며요.

4. 거북이 등껍질 꾸미기 놀이 완성이에 요.

 Tip. 달걀 껍질 속 흰 껍질을 벗겨야 더 잘 으깰 수 있어요.

연관 놀이 으깬 달걀 껍질로 가루약 약국 놀이도 할 수 있어요.

★ 전통 책 ★

두루마리 책 만들기 놀이

옛날 책은 어떤 모양이었을까? 전통 책 형태 중 하나인 두루마리 책을 직접 만들어보아요. 돌돌 말린 책을 살살 펼쳐가며 어떤 그림이 나오는지 천천히 보거나, 옛날 임금님처럼 긴 종이를 쫙 펼쳐보기도 하면서 두루마리 책의 재미를 느낄 수 있어요. 평소에 잘 쓰시 않는 한지에 그림을 그리고 글씨를 쓰는 것은 아이의 창의성을 향상시키고 예술 감수성을 풍부하게 해줍니다.

- **연령** 4~7세
- **읽을 책** 『한지돌이 이종철, 이춘길/보림』
- **책과 연결하기** '옛날 사람들은 기억하고 싶은 일을 어디에다 적어 두었을까?' 아이와 함께 책 속 한지돌이가 하는 이야기를 읽어보고 한지의 쓰임, 한지의 느낌을 이야기해보아요. 실제로 한지를 손으로 만지고 느낌이 어떤지 이야기하며 놀이를 시작해요.
- **관련 책**

『책 너는 날 김주현, 강현선/ 사계절』

재료 색지, 나무젓가락, 풀, 한지(또는 습자지), 매직, 끈

· 놀이 방법

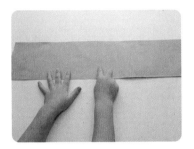

1. 색지를 나무젓가락 길이보다 살짝 작게 자르고 두 장을 풀로 이어 붙여요.

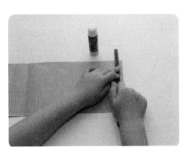

2. 나무젓가락을 색지 가장자리에 붙여요.

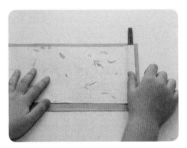

3. 한지는 색지보다 작게 잘라서 두 장을 이어붙인 뒤 나무젓가락 위에 붙여요.

4. 한지에 원하는 글자나 그림을 그리고 색칠해요.

Tip. 펜으로 그림을 그릴 때 한지나 습자지가 얇아서 번지거나 아랫부분에 묻어 나올 수 있으니 주의해요.

5. 돌돌돌 만 다음 끈으로 묶어요.

★ 종이 접시로 ★
피자 만들기 놀이

종이 접시를 알록달록 예쁜 피자로 변신시켜 볼까요? "어떤 피자 드릴까요?" 요리사가 되어 주문받은 피자를 만들어보세요. 주문을 받고 배달을 가는 피자 가게 놀이를 해봐도 재미있겠지요.

· 연령 3~7세

· 읽을 책 『앗! 피자정호선/사계절』

· 책과 연결하기 피자 만들기에 도전한 엄마의 실패담을 아이의 시선으로 보여주는 그림책이에요. 책 속에 그려진 피자 재료 그림을 보면서 어떤 재료로 피자를 만들어볼지 생각해보아요. 실전에서 만들 수 있는 '피자 레시피'도 들어 있어서 따라 해볼 수 있어요.

· 관련 책

『아빠랑 함께 피자 놀이를윌리엄 스타이그/보림』

『꿍꿍꿍 피자윤정주/책읽는곰』

재료 종이 접시, 클레이(흰색), 플레이콘, 가위

· 놀이 방법

1. 종이 접시에 흰색 클레이를 깔아서 피
   자 도우를 만들어요.

2. 색색깔의 플레이콘을 가위로 잘라서
   피자 토핑을 올려요.

3. 피자 조각을 잘라서 냠냠 먹는 놀이를
   해요.

Tip. 종이 접시 대신 박스를 이용할 수도 있
어요. 플레이콘 대신 수수깡이나 폼폼이를
이용해도 좋아요.

★ 알록달록 ★

나뭇잎 인형 만들기 놀이

자연물을 이용한 놀이는 특별한 준비물이 필요 없어요. 낙엽이 떨어지는 가을날 알록달록 다양한 낙엽을 주워다 나뭇잎 인형을 만들어보세요. 역할 놀이에 빠진 아이와 나뭇잎 머리를 싹둑싹둑 자르며 미용실 놀이를 하면 더 재밌겠죠?

· 연령 4~7세

· 읽을 책 『나뭇잎 손님과 애벌레 미용사^{이수애/한울림어린이}』

· 책과 연결하기 '내가 애벌레 미용사라면 어떤 머리를 해줄까?' 애벌레 미용사가 운영하는 미용실에는 다양한 머리 모양 사진이 걸려 있어요. 동그랗고 길다란 낙엽 모양을 보며 내가 미용사라면 어떤 머리로 잘라줄까 상상해보아요.

· 관련 책

『낙엽 스낵^{백유연/웅진주니어}』

『개미 100마리 나뭇잎 100장^{노정임, 안경자/웃는돌고래}』

재료 낙엽, 종이, 매직, 가위, 아이스크림 막대, 테이프, 색종이

• 놀이 방법

1. 낙엽을 모아서 깨끗하게 씻은 뒤 말려요.

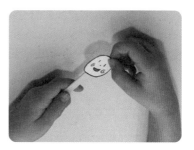

2. 원하는 얼굴을 종이에 그린 뒤 동그랗게 오려서 아이스크림 막대에 붙여요.

3. 낙엽을 골라 얼굴 위에 머리를 붙이고 원하는 모양으로 잘라요.

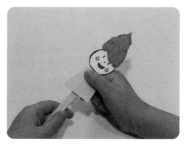

4. 색종이로 옷을 입히거나 자유롭게 꾸며요.

Tip. 아이스크림 막대 대신 빨대나 나무젓가락, 색연필 등을 사용할 수 있어요. 분무기, 빗, 드라이기 같은 소품을 활용하면 더 실감 나는 미용실 놀이가 된답니다.

★ 커졌다 작아졌다 ★
그림자 극장 놀이

책에서 봤던 장면이 깜깜한 방에서 펼쳐진다면? 자기 싫어하는 아이도 잠자리로 가게 만드는 한밤중 그림자 놀이를 소개해요. 그림자 놀이는 아이들의 호기심을 자극해서 관찰력과 탐구력을 높여줍니다. 빛을 가까이 비추면 그림자가 커지고, 빛이 멀어지면 그림자 크기도 작아져요. 어둠 속에서 빛의 거리에 따라 그림자 크기가 달라지는 과학의 원리를 자연스럽게 알 수 있어요.

· **연령** 4~7세

· **읽을 책** 『그림자는 내 친구 박정선. 이수지/길벗어린이』

· **책과 연결하기** 책 속에서 아이들이 놀고 있는 장면을 보고 있으면 저절로 그림자 놀이가 따라하고 싶어지는 책이에요. 그림자가 생기는 이유, 그림자를 숨길 수 있는 방법, 그림자가 생기는 방향 및 모양 등을 아이들이 이해하기 쉽게 귀여운 그림으로 설명해줍니다.

· **관련 책**

『누구 그림자 일까? 최숙희/보림』

『그림자 놀이 이수지/비룡소』

『내 그림자는 핑크 스콧 스튜어트/다산어린이』

재료 책, OHP필름, 네임펜, 컬러 매직, 손전등 또는 핸드폰 불빛

· 놀이 방법

1. 마음에 드는 책 표지나 책 속 페이지 위에 OHP 필름을 올린 뒤 네임펜으로 그림을 따라 그려요.

2. 컬러 매직으로 그림을 색칠해요.

3. 빈 벽 앞에서 OHP 필름을 들고 불빛을 비추면 책 속 장면이 그림자로 나타나요.

Tip. 책의 그림을 그대로 따라 그리지 않고 마음에 드는 책 속 그림을 보고 자유롭게 그려도 좋아요. 책 속 장면을 여러 장 그린 뒤 차례대로 빛을 비추며 이야기 극장을 만들어 볼 수도 있어요.

★ 팡팡! 당기면 터지는 ★
휴지심 폭죽 놀이

풍선의 탄력성을 이용해 폭죽을 만들어요. 색종이를 자르며 소근육을
키우고, 다양한 색깔에 관해서 이야기해보아요. 만들기 간단하고, 한
번 만들고 나면 오래 가지고 놀 수 있는 훌륭한 장난감이랍니다.

- 연령 0~7세

- 읽을 책 『너의 날노인경/책읽는곰』

- 책과 연결하기 케이크 위로 폭죽이 터지고 촛불이 빛나는 반짝반짝한
  표지를 보고, 아이와 무슨 날에 대한 이야기일지 상상해보아요. 책 속
  에서 생일을 기다리던 동물들의 마음을 읽어보고, 내 생일에는 무엇을
  하며 보내고 싶은지, 소원은 무엇인지 이야기해요. 단 하나뿐인 나를 위
  한 특별한 날, 생일의 의미를 알아보며 축하 폭죽을 만들어보아요.

- 관련 책

  『네가 태어난 날엔 곰도 춤을 추었지낸시 틸먼/내인생의책』

  『축하해, 굴삭기 벤!되르테 혼, 필리프 스탐페/씨드북』

  『이런 생일 선물은 처음이야!벤 맨틀/노란우산』

재료 풍선, 가위, 휴지심, 테이프, 스티커, 색종이

· 놀이 방법

1. 풍선의 아랫부분을 가위로 잘라요.

2. 풍선의 남은 부분을 휴지심에 끼우고 테이프로 고정해요.

3. 풍선의 윗부분을 묶고, 휴지심을 자유롭게 꾸며요.

4. 색색의 색종이를 잘라서 휴지심 속에 넣어요.

Tip. 휴지심 대신 종이컵이나 플라스틱 컵을 이용해도 좋고, 색종이 대신 폼폼이나 플레이콘 등 다양한 재료를 활용해도 좋아요.

5. 풍선의 묶은 부분을 힘껏 당겨 폭죽을 터트려요.

★ 돌돌돌 돌리자 ★
오이롤 초밥 만들기 놀이

채소를 싫어하는 아이를 위한 특별 요리! 방법이 간단해서 아이들도 재밌게 만들 수 있는 초밥 요리에요. 재료를 탐색해보고 맛보는 활동을 통해 채소와 가까워지게 되지요. 즐겁게 놀이에 참여하다 보면 창의력과 표현력, 손 감각을 기를 수 있어요. 초밥에 넣을 수 있는 다양한 재료에 대해서도 이야기 나눠보세요.

- 연령 4~7세
- 읽을 책 『초밥이 빙글빙글 구도 노리코/책읽는곰』
- 책과 연결하기 빙글빙글 회전 초밥이 아이들 눈에는 신기하기만 하지요. 책 속 야옹이들도 빙글빙글 돌아가는 회전 초밥을 꺼내 먹으려다 사고를 치고 말아요. 생선 초밥, 달걀 초밥, 새우 초밥… 책에 나오는 다양한 초밥 그림을 보면서 어떤 재료로 초밥을 만들면 좋을지 이야기 나눠요.
- 관련 책

『주먹밥이 데굴데굴 아카바 수에키치/비룡소』

『둥글댕글 아빠표 주먹밥 이상교, 신미재/시공주니어』

재료 오이, 참치 통조림, 옥수수 통조림, 마요네즈, 밥, 크래미

· 놀이 방법

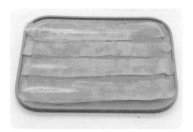

1. 오이 껍질을 벗기고 얇게 저며요.

2. 참치 통조림의 기름을 빼고 옥수수 통조림, 마요네즈와 함께 섞어서 속재료를 만들어요.

3. 밥을 동글동글하게 만들어요.

4. 얇게 썬 오이로 밥을 돌돌돌 감싸요.

5. 초밥 위에 속재료와 찢은 크래미를 올려요.

Tip. 오이 껍질을 벗길 땐 채칼을 사용해야 하니 부모님이 도와주세요. 오이 대신 다른 채소를 활용해도 좋아요.

★ 아이라면 누구나 좋아하는 ★
과자 집 만들기 놀이

다양한 형태의 과자로 집 모양을 완성하는 놀이는 아이들의 상상력과 공감각을 키워줘요. 아이들이 재료를 가지고 마음껏 표현할 수 있도록 충분한 시간을 주고, 어떤 집을 완성하든지 멋진 아이디어라고 칭찬해주세요. 집을 만들면서 과자를 집어먹는 재미는 덤!

- 연령 　4~7세

- 읽을 책 　『헨젤과 그레텔 그림 형제, 발렌티나 파치, 마테오 골/BARN』

- 책과 연결하기 　아이들에게 무서운 동화로 기억될 수도 있는 헨젤과 그레텔 이야기가 환상적인 동화로 기억될 수 있는 특별한 장면이 있어요. 바로 과자로 만든 집의 등장 장면인데요. 헨젤과 그레텔을 읽고 나서 동화에 나오는 장면들을 아이와 함께 떠올려봐요. 오빠 헨젤이 집으로 돌아가는 길을 기억하기 위해 어떤 행동을 했는지, 과자 집에 사는 사람은 누구였는지, 과자 집에서 어떻게 빠져나갈 수 있었는지 과자를 먹으며 달콤한 이야기를 나눠볼까요?

- 관련 책

　『식빵집 백유연/봄봄출판사』

　『행복을 찾은 건물 아오야마 쿠니히코/길벗어린이』

재료 식빵, 생크림, 다양한 모양의 과자

· 놀이 방법

1. 네모난 식빵 세 장을 겹쳐 올리고 다른 식빵을 세모 모양으로 잘라 지붕을 만들어요.

2. 식빵에 생크림을 골고루 발라요.

3. 다양한 과자로 집을 자유롭게 장식해요.

4. 과자 집 완성이에요.

Tip. 생크림 대신 식용풀을 사용하면 식빵 없이 과자만으로도 집을 만들 수 있어요. 웨하스, 에이스처럼 사각형 모양의 과자가 틀을 잡기 좋아요.

★ 도서관 사서가 되어보자! ★
도서관 놀이

우리 집을 도서관으로 변신시켜라! 우리 집 책장은 도서관 책장으로, 아이는 도서관 사서 선생님이 되어 책을 빌려주는 놀이예요. 동화책은 동화책끼리, 과학책은 과학책끼리, 책을 종류별로 모아볼 수도 있고, 크기별·색깔별로 나눠볼 수도 있어요. 간단해 보이지만 이렇게 특징별로 책을 분류해보는 활동은 아이들이 사고력과 문제 해결력을 기를 수 있게 도와준답니다.

재료 도서관 회원 카드(또는 못 쓰는 카드), 가위, 색연필, 보수 테이프(스카치테이프), 계산대(장난감 또는 대체품), 가방

놀이 방법

1. 도서관 이름을 정해요.
2. 우리 집이 도서관이라고 상상하고, 내가 만들고 싶은 도서관에 대해 이야기를 나눠요.
3. 나만의 도서관 스티커를 만들어요.
4. 도서관 스티커를 우리 집 책에 붙여요.
5. 사서 선생님, 손님 등 역할을 정해서 책을 빌리고 반납하는 역할 놀이를 해요.
6. 파손된 책을 아이와 함께 고쳐 보아요.

★ 누구나 좋아하는 ★
미션 게임 놀이

표현력과 관찰력을 향상시키는 미션 게임은 몸이 베베 꼬이는 아이들을 움직이게 만들고, 책장 속 숨은 책들을 깨우기에도 좋아요. 한두 번 하다 보면 아이들은 후다닥 책장으로 달려가 잽싸게 책을 찾아온답니다. 형제가 있는 아이들은 경쟁심이 발동돼 더 열정적으로 놀이에 임할 거예요.

재료 **다양한 동화책 여러 권**

놀이 방법(미션 예시)

- 우리 집에 있는 책 중에서 가장 작은 책은 또는 가장 큰 책은?
- 우리 집에 있는 책 중에서 가장 재미없는 책은?
- 우리 집에 있는 책 중에서 가장 웃긴 책은?
- 우리 집에 있는 책 중에서 가장 무서운 책은?
- 우리 집에 있는 책 중에서 사람이 가장 많이 나오는 책은?
- 우리 집에 있는 책 중에서 제목이 가장 긴 책은?
- 우리 집 책으로 내 키만큼 쌓으려면 몇 권이 필요할까?
- 우리 집에 있는 분홍색 책 전부 모으기
- 우리 집에 있는 날씨와 관련된 책 찾아오기
- 친구와 관련 있는 책 세 권 찾아오기
- 공룡이 나오는 책 두 권 찾아오기
- 집에 있는 책 중에서 아빠에게(엄마에게) 선물하고 싶은 책 골라오기
- 제목에 '똥'이 들어간 책 골라오기
- ㅇㅇㅇ 책 속 주인공 두 명의 이름 외치기
- ㅇㅇㅇ 책 속에 나오는 동물은 모두 몇 명인지 맞추기

★ 집에서 즐기는 ★
독서 캠핑 놀이

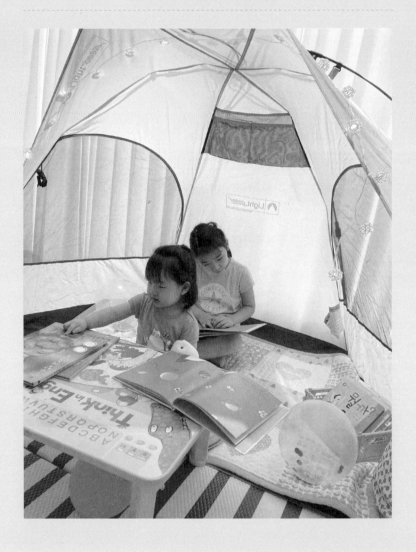

멀리 가야만 여행이 아니에요! 우리 집을 캠핑장으로 만들어보세요. 작은 인디언텐트나 이불로 만든 집이라도 괜찮아요. 나만의 아지트와 책만 있으면 준비 끝. 독서 캠핑의 목적은 오직 하나, 다른 것 안 하고 책 실컷 보기. 주의할 점은 진짜 캠핑온 것처럼 행동해야 보다 실감나는 놀이가 된답니다.

재료   **집에 있는 캠핑용품**(텐트, 침낭, 캠핑 의자 등), **이불이나 담요, 트렁크** 또는 **배낭**

놀이 방법

1. 하루를 캠핑 데이로 정해요. 캠핑 팔찌를 만들어서 아이와 함께 착용해도 좋아요.

2. 캠핑을 떠난다고 가정하고 아이만의 캠핑 가방을 꾸려요.

3. 우리 집을 캠핑장이라고 생각하고 텐트를 치거나 이불을 펼치고 꾸며요.

4. 스마트폰, TV 등은 볼 수 없어요.

5. 평소에 안 보는 책까지 동원해서 많은 책을 자유롭게 볼 수 있도록 꺼내 둬요.

6. 원하면 책과 관련된 퀴즈나 책 놀이를 해요.

7. 아이와 캠핑장에서처럼 간단한 요리를 함께 해서 먹어요.

8. 취침 시간을 따로 정해두지 않아요. 원하면 자지 않아도 돼요.

● 독후 활동이 편해지는 ●
유용한 사이트

● **무료로 자료를 제공하는** 어린이책 출판사

국민서관	홈페이지의 홍보 자료실 '독후 활동 자료' 카테고리에서 100여 권의 책 놀이 활동지를 내려받을 수 있다.	
북극곰	블로그 내 '책 놀이−독후 활동' 카테고리에서 책 놀이 방법과 활동지를 볼 수 있다.	

사계절	홈페이지의 한 학기 한 권 자료 내 활동 자료 (초등) 카테고리에서 워크북이나 활동지를 다운 받을 수 있다. 초등 위주이긴 하지만 5세 이상의 유아들이 할 수 있는 것들도 많이 있다.	
책읽는곰	홈페이지의 '도서관 지원ー책 놀이 책' 카테고리에서 책 놀이 활동지를 내려받을 수 있다.	
천개의바람	블로그 내 '활용 바람-독서 지도안' 카테고리에서는 그림책을 어떻게 읽고 활동하면 활용하면 좋을지 참고할 수 있는 학습지도안 및 독후 활동지를 다운받을 수 있다. 초등학생 위주의 책이 많지만 5세 이상의 유아들 책도 있다.	
키다리	블로그의 '활동지 무료 다운로드' 카테고리에서 독후활동지와 독서 지도안을 다운받을 수 있다.	
키즈엠	홈페이지 내 '책이랑 놀자' 카테고리에서 워크지와 책 놀이 소개를 볼 수 있고, '신나는 엄마표 책 놀이' 카테고리에서 실제 엄마표 책 놀이 사례를 참고할 수 있다.	

• 색칠하기부터 만들기까지 각종 도안을 제공하는 사이트

키즈클럽	영어책 관련 사이트이긴 하지만 활용도에 따라 다양하게 이용할 수 있다. 회원 가입 없이 편리하게 도안을 다운받을 수 있다는 점이 최대 장점이다. 아이가 색연필로 끄적이기 시작할 때부터 동물이나 물건 등의 그림 도안을 출력해서 활용하면 좋다.	
키드키즈	육아 잡지 <월간유아>를 발간하는 교육 사이트. 어린이집이나 유치원 선생님들이 주로 애용하는 사이트지만 회원 가입만 하면 누구나 기본 서비스를 이용할 수 있다. 수업 계획안을 참고하면 아이와 책을 읽고 어떤 이야기를 나눌지, 어떤 활동을 해볼지 참고할 수 있고, 각종 활동지나 교안을 무료로 다운받을 수 있다.	

• 참고할만한 교육 콘텐츠

경기도도서관 북매직 - 내 생애 첫 책 놀이	경기도사이버도서관이 한국독서지도연구회와 함께 개발한 콘텐츠로 태아부터 48개월 부모를 위한 책 놀이 방법을 알려주는 영상을 볼 수 있다. 경기도사이버도서관 유튜브로도 이용이 가능하다.	

국립어린이 청소년도서관 - 다국어 동화구연 & AR 증강 현실 체험	국립어린이청소년도서관 홈페이지 '독서 도움 자료'에는 전래동화나 창작 동화를 우리말뿐만 아니라 영어, 중국어, 베트남어, 몽골어, 태국어로 들을 수도 있고 인기 동화만 따로 볼 수도 있다. 또한 모바일 앱을 이용하여 책 열두 권의 증강 현실 체험을 할 수 있는 활동지를 제공한다.
차이의 놀이	교육 전문가들이 만든 0~7세 연령별 맞춤 놀이 제공 콘텐츠이다. 모바일 앱으로도 이용이 가능하다. 육아&놀이 카테고리에서는 무료 활동지 제공과 함께 다양한 사례의 놀이 방법 및 아이와의 대화 팁을 알려준다.

육아에서 방법만큼이나 중요한 것이 부모의 마인드이다. 책육아 역시 마찬가지다. 너무 잘하려는 마음은 책육아 시작을 어렵게 할 수 있고, 꾸준히 해나아가는 데 걸림돌이 될 수 있다. 중요한 것은 속도가 아니라 방향이다. 부모가 지치지 않고 행복할 때 아이와 함께 더 멀리 나아갈 수 있다. 이 장은 그간 겪은 좌충우돌 책육아 과정 중 발견한 책육아 마인드 편이다.

Chapter 4

책육아, 힘 빼고

적당히 해도

괜찮아

책육아 왜 하려는 거였지?

첫째가 유치원에서 받아온 도서 가방에는 아이가 직접 고른 책과 독서 통장이라고 적힌 수첩이 들어 있었다. 독서 통장에는 매일 읽은 책 제목을 적게 되어 있었고, 한 학기가 끝나면 책을 많이 읽은 사람에게 독서 상을 준다고 했다. 선생님의 격려와 독촉으로 우리 아이는 200권을 겨우 넘기고 턱걸이로 상을 받을 수 있었다. 기관에 다닌지 처음으로 받은 상이라 그런지, 내가 더 뿌듯했다. 그런데 가정 통신문에 적힌 다른 아이들 이름 옆에 적힌 책 권수를 보자 그 마음이 조용히 사라져 버렸다. 500권, 800권, 1,000권이 넘는 아이들도 있었다. 3개월 동안 1,000권을 넘게 읽으려면 하루 평균 12권을 읽은 셈이다.

그 시상이 있고 난 뒤 나도 모르게 아이에게 '조금만, 조금만 더'를 재촉하고 있었다. 놀이터에서 한참을 놀다가 들어와 졸립다는 아이를 흔들어 깨우기도 하고, 그림 그리기나 만들기에 빠져 자기만의 놀이에 한창 취한 아이에게 책 읽기를 독촉했다. 조급한 내 마음을 들킬까 조심한다 해놓고는 내 말을 듣는 둥 마는 둥 하는 아이에게 소리를 지르고 말았다.

"엄마, 꼭 독서 상 받아야 해? 저번에도 나 그냥 보고 싶은 책만 봤는데 독서 상 받았는데 왜?"

아차! 아이에게 대꾸할 말이 없었다. 평소에 아이가 책을 한 아름 가져와 읽어달라고 할 때도 많이 읽기만 하면 책 속 이야기가 다 달아날지도 모른다고 말했던 나였다. 교육에도, 훈육에도 일관성이 중요한 건데 눈앞에 보이는 결과물 때문에 일희일비하는 엄마가 된 것 같아 부끄러웠다.

책을 잘 보면 뭐가 좋을까?
why 찾기

아이와의 책 읽기에도 목표를 정해야 한다. 그러기 위해서 스스로에게 질문을 던져보았다. '너 애한테 왜 책을 읽어주려고 하는 건데?', 어떤 아이로 키우고 싶은데?' 질문의 답은 자기가 좋아하는 일을 즐겁고 열심히 하는 아이, 꿈이 있는 아이, 행복한 아이, 밝고 긍정적인 아이, 자기 생각을 잘 표현하고 자신감 있는 아이, 다른 사람을 배려할 줄 아는 아이였다.

그랬다! 내가 이상적으로 그리는 아이의 모습 어디에도 '책을 많이 읽어서 남들보다 똑똑한 아이'는 없었다. 책을 좋아하고, 책 속에서 지혜를 발견할 줄 아는 행복한 아이의 모습만 있을 뿐이었다.

첫째는 책을 좋아했다. 항상 그럴싸한 이야기를 나누는 건 아니었지만 재밌는 책을 읽고 나서는 밥을 먹다가도, 유치원에서 집으로 오는 길에서도 불쑥불쑥 책 이야기를 먼저 꺼내곤 했다. 거기에는 편안함이 있었다. 낄낄거리는 재미가 있었다. 사실 그거면 충분했는데 나는 뭘 더 바란 것이었을까.

아이가 왜 책을 좋아하는지 스스로에게 물어보면 그리 거창한 이유가 있지 않다는 걸 알게 된다. 그러면 아이가 책을 좀 안 본다고 해서 스트레스받을 이유도, 아이 책을 고르고 읽어주는 데 무리하게 힘을 뺄 이유도 없다. 아이와의 책 읽기에 난항을 겪게 되는 건 언제나 특별한 목적이 개입되는 순간이다. '36개월 전에 영아기에 좋다는 추천 전집은 다 읽혀야지!', '올해는 책 1,000권을 읽혀서 유치원에서 최고 독서 상을 받게 해야지!', '예비 초등이 읽어야 하는 추천 도서 30권은 다 읽히고 학교 보내야지!' 같은 엄마가 세운 목표 말이다.

아이를 키우며 돌아보면 매번 흔들리는 건 나였을 뿐 아이는 어떤 순간에도 흔들리지 않았다. 자기에게 주어진 과업을 해내고 주어진 환경에서 최선을 다할 뿐이었다. 책 읽기도 그랬다. 아이는 그저 엄마가 저어주는 배를 타고 물살을 타며 항해하듯 책을 읽을 뿐이었다. 재밌으니까, 신기하니까, 아무런 목적 없이 책을 보고 책 속에서 보고 들은 것을 스펀지처럼 그대로 뽀송뽀송하게 흡수하는 가장 순수한 시기, 보고 느낀 대로 상상과 현실을 자유롭게 넘나드는 재기발랄한 시기, 유아기는 다시 돌아오지 않을 그런 축복의 시기였다. 엄마인 나는 그저 옆에서 아이를 격려하고 그 시기를 소중히 여기기만 하면 되는 거였다. 앞으로 평생 독자로 살아갈 아이에게 유치원에서 받는 상이 뭐 그리 대수라고, 독서 통장 하루 안 적은 게 뭐 그리 큰일이라고 아이를 채근하고 조바심을 냈을까.

아이가 훌쩍 자란 지금에서야 안다. 부모는 아이를 믿고 옆에서 그저 꾸준히 노를 저어주기만 하면 된다는 것을. 그러다 보면 꿀 떨어지는 눈으로 책을 바라보고, 밥 먹자고 불러도 "엄마 잠시만, 이것만 더 보고.'라고 말하며 책에서 눈을 못 떼는 날이, 엄마와 책 읽을 때가 제일 좋다는 말이 아이 입에서 나오는 그런 기적 같은 날이 반드시 찾아온다는 것도.

아이도, 엄마도 행복한가요?

아이와 책 읽기를 지속하다 보면 책을 가져오는 아이가 마냥 예쁘고, 책을 읽어주는 내가 괜찮은 엄마 같다가도 순간순간 고비가 찾아왔다.

우리 아이 진짜 행복한 거 맞지?

둘째를 낳고 육아 휴직을 하던 중 코로나19까지 겹쳐서 두 아이와 가정보육을 하던 때였다. 힘들기도 했지만 소홀했던 첫째에게 신경을 쓸 기회라 여기며 집에서 책이나 실컷 보여주자고 마음먹었다. 그동안 제대로 챙겨주지 못한 미안한 마음만큼 보여주지 못했던 책을 찾느라 손가락이 바빴다. 표지만 보면 웬만한 책은 다 안다고 생각했는데 새로운 책은 왜 우물 샘솟듯 넘쳐나는지…. 아이에게 보여주고 싶은 책에 대한 갈증은 마를 줄 몰랐다. 여기에 아이와 책을 찐하게 나누고 싶다는 마음까지 더해졌다. 하지만 책을 읽어준 뒤 아이에게 질문을 하면 대답이 영 시원찮았다. 반응이 없는 아이를 보자 답답하고 화가 나는 마음에 나도 모르게 아무 말이나 아이에게 쏘아붙였다. 그 말이 먹힌 걸까. 아이가 입을 열었다.

"엄마! 나 이 책 별로 안 읽고 싶어. 내가 언제 이거 보고 싶다고 했어?"

화가 나기보다 당황스러웠다. 항상 '엄마가 빌려온 책은 다 재밌어.'라고 말하던 아이는 온데간데없었다. 어떻게 된 걸까? 뭐가 잘못된 거지?

엄마도 행복한가요?

그쯤 갑자기 허리가 아파서 매일 동네 한의원에 가서 침을 맞고 물리치료를 받았다. 일주일이 지나도 낫지 않자 한의원에서는 추나요법을 써보자고 했는데, 그 기간이 한 달 이상 걸릴지도 모른다고 했다. '애들 때문에 안 돼요.'라고 하려는 순간 선생님의 말씀 한마디에 하려던 말이 쏙 들어가고 눈물이 핑 돌았다.

"지금 애들 때문에 무리하다가 나중에 애들이랑 못 놀러 다니면 억울해서 어떻게. 엄마, 몸 챙겨요. 알겠죠?"

그랬다. 나는 무리하고 있었다. 어린 둘째 때문에 잠을 못 자 퀭한 눈을 하고도 첫째한테 TV는 절대 안 보여주겠다며 악착같이 책을 읽어주었다. 출근할 때처럼 도서관에서 마음껏 책을 빌려볼 수 없으니 누가 책을 준다고 하면 둘째를 아기 띠에 메고 카트를 끌고 가서 끙끙거리며 책을 받아올 정도로 책 욕심을 냈다. 그렇게까지 했는데 아이의 반응이 시큰둥하면 나도 모르게 한숨이 나왔다. 계속 같은 책만 보는 아이에게 이 책 보자 저 책 보자 재롱을 떨었다가, 그게 안 통하면 '다 버리겠다'고 협박하는 내가 이중인격인가 싶은 날도 있었다. 바쁜 남편을 둔 탓에 독박 육아가 익숙해질 법도 하것만 하나와 둘의 차이는 상상 이상이었다.

몸이 힘든 상태에서 아이에게 책을 읽어주려고 하니 마음도 뾰족해졌다. 그게 드러났는지 첫째 반응이 삐딱했다. 아이는 눈치가 백단이다. 꼭 말하지 않아도 눈빛으로, 목소리로 다 느낀다. 엄마가 지금 나에게 보내는 메시지가 불편한 마음이 담긴 메시지인지, 편안한 마음이 담긴 메시지인지 말이다.

처음 아이에게 책을 읽어줬던 이유는 내가 편하고 싶어서였다. 책을 읽어주는 건 다른 놀이보다 덜 힘들고 아이와 시간을 보낼 수 있는 최적의 방법이었다. 아이 책을 읽고 있으면 순수한 어른으로 머물러 있는 것 같아 좋았고, 그림책 속에서 지금의 나는 물론이고 내면의 아이까지 위로받는 게 좋았다. 몰입해서 책을 읽고 있는 아이를 보고 있으면 '밥 안 먹어도 배부르다'는 말이 무슨 말인지 이해가 되었다. 무엇보다 진짜 행복하다고 느낄 때는 아이와 함께 '찌찌뽕'을 외치는 순간이었다. 함께 책을 읽다가 신기하게도 비슷한 부분에서 웃거나 마음이 울리는 경험을 할 때는 그저 신이났다. 나는 아이를 보면서 보람을 느끼고 싶기보다 아이와 함께 행복해지고 싶었다.

엄마를 위한 좋은 육아

코로나가 심각해서 집에만 있던 그 시절, 풍선은 아이와 시간 보내기 딱 좋은 놀잇감이었다. '크게 더 크게 불어줘~'라는 아이의 성화에 얼마나 풍선을 많이 불었는지 모른다. 그런데 풍선에 바람을 넣을 때는 풍선 크기의 80% 정도만 공기를 넣어야지 더 했다가는 입구를 묶지도 못하고 빵 터져버리기 일쑤였다.

육아에도 완급 조절이 필요했다. 내가 지치는 줄도 모르고 아이 마음이 어떤지도 살피지 못한 채 더 많은 책을, 더 좋은 책을 인풋 또 인풋 하려고 욕심을 낸 건 '아이를 위한 것'이라는 명분 때문이었다. 부모 강연에서 '0~3세가 가장 중요한 골든 타임입니다.'라는 강사의 말을 듣고 내가 더 해주지 못한 것에 대한 죄책감을 느꼈다. '말을 안 해서 그렇지 웬만한 엄마들은 이미 다 하고 있어요.'라는 주변의 말을 들으면 불안한 마음이 올라왔다. '아이를 위해서'라는 대전제 아래에서는 적정 수위를 잡기가 어렵다. 부모 기준에서 어느 정도까지 하겠다는 나만의 합의가 필요하다. 육아라는 장기 레이스에서는 풍선이 터지지 않을 만큼, 내가 바람을 불어넣을 수 있을 만큼만 호흡을 조절해야 한다. 그래야만 계속해서 풍선을 만들며 놀 수 있다는 걸 뒤늦게 깨달았다. 초반부터 전력 질주로 달리지는 말자. 앞으로 긴긴날 책 읽어주는 엄마로 살아가기 위해서는 느리더라도 호흡을 조절해야 한다.

　아이를 위한 선택을 할 때도 엄마 자신을 기준으로 두고 '지금 이렇게 선택하는 게 내 마음이 편한가?'를 물어볼 때 더 나은 선택을 하게 된다. 전부터 사고 싶었던 전집이 있었는데 아이가 친구 집에서 너무 잘 읽는 걸 목격하게 되었다고 해보자. 문제는 비싼 가격이다. 만약 아이를 위한다고 생각하면 사주는 게 맞다. 하지만 엄마를 기준에 두면 답은 달라진다. 카드 값이 걱정되는 불편한 마음이 들고, 아이도 잘 볼지 어떨지 잘 모르겠다 싶은 마음이라면 사지 않는 게 낫다. 하지만 카드 값은 다른 데서 절약해볼 수 있겠다는 마음이 들고, 이 책으로 아이와 함께 보면 얼마나 즐거울까 하는 행복한 상상이 된다면 사는 거다.

책육아 시작을 도와줄 필수품 두 가지

"책육아 어떻게 시작해야 될지 모르겠어요."로 시작하는 질문을 맘 카페에서 심심찮게 본다. 어렸을 때 잠시 책읽어주다가 못했다는 분부터 아이가 책을 좋아하지 않아서 책육아는 생각도 못했다는 분들까지. 다른 것보다 유독 책육아는 시작부터 부담스러워하고 힘들어하는 경우가 많다. 왜 그럴까?

첫 번째 원인은 완벽함, 제대로 하고 싶다는 마음 때문이다.

하려면 제대로 해야 하는데 할 수 없는 이유가 너무 많다. 아이가 유치원을 새로 옮겨서 그곳에 적응해야 해서, 남편이 늦게 퇴근해서 아이를 오롯이 혼자 돌봐야 하기 때문에, 지금은 회사 일이 너무 바쁜 시기라서, 아직 아이 책을 제대로 갖춰주지 못해서 등 제대로 할 수 없는 이유는 수만 가지다. '내일하자, 내일부터'라며 시작을 차일피일 미룬다.

두 번째 원인은 조급함, 빨리 잘하고 싶다는 마음 때문이다.

책에서 배운 대로 책 표지부터 시작해 책 뒷장까지 일단 꼼꼼하게 살펴본다. 책을 읽을 때도 아이에게 최대한 실감 나게 읽어준 다음 책 내용으로 이야기를 나눈다. 그러고도 시간이 되면 확장해서 책 놀이를 해본다.

엄마의 머릿속으로는 이미 모든 계획이 끝났다. 그런데 아이를 앉혀 놓고 "책 보자~"라고 한 순간부터 계획대로 되는 건 하나도 없다. 아이는 왠일인지 책에 집중하지 못하고 엄마의 시야를 벗어난다. 책을 읽어줘도 영 반응이 없다. 아이들이 너무 좋아한다는 입소문난 전집을 들였지만 우리 아이는 예외다. 결국 엄마표 따위는 못하겠다고 포기하고 유명한 독서 프로그램을 신청하고 방문 선생님을 알아본다. 혹시 이런 시행착오를 겪은 적은 없는가?

완벽함과 조급함. 이 두 가지만 내려놓으면 누구나 책육아를 시작할 수 있다. 애초에 책육아의 방법 따윈 없는지도 모른다. 『책 밖의 어른 책 속의 아이』 저자 최윤정은 우리 어른들이 할 수 있는 일은 아이들에게 책 읽기를 가르치는 것이 아니라 아이들에게 좋은 책만을 까다롭게 골라 오랜 시간에 걸쳐 채운 제 책꽂이 하나를 장만해주는 일이라고 했다. 아이가 자기 책꽂이를 잘 갈고 닦을 수 있게 책과의 경험을 자꾸자꾸 쌓을 수 있도록 하는 일. 엄마가 해줄 수 있는 일이라면 그 정도가 아닐까. 아이만의 책꽂이를 만들어주기 위해서, 책육아를 시작하기 위해서는 누구에게나 있고 누구나 당장 준비할 수 있는 두 가지 필수품만 있으면 된다. 겁내지 말고 재지 말고 시작해보자.

. ' '
필수품 1
지금 바로 읽어줄 책 한 권

책육아를 시작할 때 무엇을 특별히 준비하지 말자. 아이와 집에 있는 책 한 권을 읽어보는 것으로 시작한다. 아무리 유명한 책도 아무도 안 읽으면 의미 없는 장식품이나 마찬가지다. 일단 한 걸음을 떼야만 다음 걸음으로 나아갈 수 있다. 책을 읽다 보면 좋은 책을 고르는 눈이 저절로 생기고, 아이가 어떤 류의 책을 좋아하는지도 자연스레 알게 된다. 꼭 무슨 상 받은 책, 어디 추천 도서를 읽혀야 한다는 생각을 버리자. 오늘부터 하루 5권 읽기, 한 달 100권 읽기처럼 숫자를 정해서 하면 눈에 보이는 수치가 쌓이겠지만 하지 못한 날의 좌절감 또한 겹겹이 쌓인다.

오늘은 한 권이라도 여유를 가지고 재밌게 읽기, 내일은 책 놀이 하나 해보기. 다음날은 책에서 아이가 궁금했던 것 영상으로 찾아보기. 이런 식으로 아이와 나만의 책 읽는 방법을 찾고 우리만의 궁합을 찾아가면 된다.

거창하게 시작하려고 하면 시작할 수 없다. 오늘 하루 아이와 읽은 책 한 권, 오늘 하루 아이와 대화한 시시콜콜한 단어 하나. 그게 아이의 독서 기록이 되고 책육아를 굴러가게 하는 힘이 된다.

필수품 2
책 읽을 시간 단 10분

스마트폰 볼 때 쓰는 시간을 생각해본다면 책 읽을 시간이 없다는 말을 하기가 민망해진다. 하루 일과표를 한번 쭉 적어보자. 그러면 반드시 빈 시간이 있다. 이 시간을 붙잡아라! 일찍 일어나는 아이라면 아침 시간을 이용해서 책을 읽어주면 집중하기 좋다. 자기 전까지 시간이 걸리는 아이라면 잠자리 독서가 딱이다. 딱히 시간을 내기가 어렵다면 밥 먹기 전후, 목욕하기 전후 틈새 시간을 이용해보자. 쌀을 씻어서 밥솥에 올려두고 밥이 될 때까지 기다리는 시간 동안이나 밥 먹고 간식을 먹으면서도 가볍게 책을 볼 수도 있다.

책육아를 시작하는 분이나 꾸준히 하기 어려운 분들과 함께하고 싶다는 마음에서 '우아한 책 읽기(우리 아이와 하루 한 권 책 읽기)'라는 습관 프로젝트를 운영하고 있다. 모임에 함께 하는 분 중에는 아이가 5개월밖에 안 된 분, 아이가 열 살이 넘은 분, 일하면서 아이를 넷씩이나 키우는 분도 있다. 아이가 아직 5개월이어도, 훌쩍 큰 초등학생이어도, 아이가 넷인 워킹맘도 한다. 그러니 당신도 할 수 있다. 우리 아이를 독서가로 만드는 데 필요한 시간은 10분이면 충분하다.

육퇴 후, 나를 돌보는 시간

종일 씨름하던 아이가 잠듦과 동시에 엄마는 봉인 해제된다. 아이와 함께 있을 때 보지 못했던 스마트폰도 마음껏 하고, 마음 편하게 샤워도 하고, 숨겨놓은 간식도 당당하게 먹는다. 무엇보다도 육아라는 직장을 퇴근하고 나서 마시는 맥주의 쌉싸름하고 시원한 맛은 고단했던 엄마의 하루를 위로해주는 최고의 피로 회복제가 되어준다.

나도 한때는 아이를 재우고 나서 보는 드라마와 맥주 한 캔이 주는 꿀맛으로 하루를 마무리하곤 했다. 그리고 아이 옆에 누워서 스마트폰을 켜고 핫딜이라면 지구 밖까지 나가서라도 찾아올 기세로 검색하고 또 검색하다 몇 시간이 훌쩍 지나 잠이 들었다. 그런데 다음날 평소보다 아이가 일찍 깨기라도 하면 아이 아침밥을 먹일 때부터 힘이 들었다. 아이와 보내는 하루가 그저 어릴 때 의무로 해야 했던 봉사 활동

시간처럼 버텨내며 채워야 하는 시간 같이 지루해서 종일 시계만 쳐다볼 때도 있었다. 하지만 그런 와중에도 책에 대한 갈증은 항상 있었다. 아이가 신생아 때는 수유 쿠션에 아이를 눕히고 잠깐씩이라도 책을 볼 수 있었지만 좀 크고 나서는 시간도 마음도 여유가 없었다. 아이 반찬 만들고, 집을 치우다 보면 하루가 금방이었다. 초보 엄마가 본격 육아에 돌입하면서는 육아서라도 봐야겠다 싶어서 책을 봤다. 특히 밤에 재우기가 너무 힘든 첫째 때문에 수면 방법에 관한 책이란 책은 거의 다 읽고 따라 해보려 했지만, 실전은 책과 너무 달랐다. 미운 4살이 지나면서는 아이 훈육에 관한 책을 찾아보고 배운 내용을 아이에게 적용해보았다. 하지만 그때뿐이었다. 뭔가 하려고 할 때마다 결국은 책대로 안 되니까 그게 오히려 스트레스였다.

그러다 우연히 김민식 PD님의 북토크를 듣게 되었다.

"여러분은 누구에게 시간을 가장 많이 쓰시나요? 나, 가족, 친구? 이 중에서 '나'를 위해서 시간을 가장 많이 써야 합니다. '좋은 엄마, 좋은 아내가 되기 위한 바로 나'를 위해 시간을 쓰는 겁니다. 그러다 아이가 찾을 때는 무조건 달려가면 됩니다."

오롯이 아이 옆에서 아이를 위해서 시간을 보내는 게 좋은 엄마인 줄 알았는데 좋은 엄마가 되기 위한 '나'를 위해 시간을 써야 한다는 말이 머릿속에서 떠나지 않았다. 지금이 아니면 내가 언제 또 아이에게 집중하는 시간을 보낼 수 있을까. 이 시간은 아이에게 다시 오지 않을 소중한 시간인데 우리 아이한테 좀 더 초점을 맞춰야 한다고 생각했다.

그런데 바꿔 생각해보면 지금의 이 시간은 나에게도 되돌아오지 않을 시간이었다.

혼맥 대신 혼책

오랜 시간 독박 육아로 번아웃된 나를 위한 근본적인 처방이 필요했다. 아이를 위한 책이 아니라 나를 위한 책 읽기를 다시 시작했다. 아이를 재우고 나서는 TV와 스마트폰 대신 책을 펼쳤다. 맥주 캔을 톡 따듯이 책장을 툭 넘겼다. 물론 몇 장 못 읽고 다시 스마트폰 메시지를 확인하곤 했지만 중요한 건 몇 장을 읽었느냐가 아니었다. 나를 위한 시간을 내가 선택했다는 데 의미가 있었다.

처음에는 내가 좋아하는 소설책을 읽기 시작했다. 그러다 육아서도 읽고, 그림책도 읽고, 나중에는 자기계발서 등 닥치는 대로 읽었다. 엄마가 된 후 독서를 하며 달라진 점 중 하나는 철학책을 봐도, 경제서를 봐도 신기하게 어느 지점에서는 꼭 아이에게 연결된다는 점이었다. 아이를 키우는 방법은 육아서에만 있는 줄 알았는데 모든 책에 그 힌트가 있었다. 그러면서 아이 키우는 데는 영 소질이 없다고 생각했던 내가 조금씩 자신감을 갖기 시작했고, 주변의 이야기에도 크게 흔들리지 않는 나만의 육아 가치관을 가질 수 있었다. 특히 일하는 엄마로서 아이에 대한 죄책감과 불안감도 책을 읽으면서 떨쳐낼 수 있었다.

아이를 재우다가 같이 잠이 드는 날이면 새벽에 일어나 책을 읽었다.

혹시라도 아이들이 깰까 봐 작은 스탠드만 켜고 가만히 책을 읽고 있으면 그 불빛에 나만 고스란히 비쳤다. 바깥은 아직도 깜깜한데 내가 있는 곳은 빛나고 있었다. 그 순간 나는 엄마가 아닌 오로지 나로 반짝이고 있는 기분이었다. 내가 좋아하는 책을 읽는 시간은 내 마음에도 행복한 불빛이 딸깍 켜졌다.

아주 사소한 것일지라도 내 마음이 가는 일, 나를 돌보는 일을 했느냐가 중요하다. 나는 그게 책이었지만 누군가에게는 파스텔로 그림을 그리는 것일 수도 있고, 달리기나 필라테스 같은 운동일 수도 있을 것이다. 엄마의 에너지는 무한하지 않다. 아이와 함께하는 시간은 기쁨의 원천일 때도 있지만 때로는 엄청나게 기가 빨리는 일이기도 하다. 그림책『프레드릭 레오 리오니/시공주니어』에는 겨울 동안 양식을 모으며 일만 하는 들쥐와 얼핏 보기에는 놀고 있는 것 같지만 실은 햇살, 색깔, 이야기를 모으는 중인 주인공 프레드릭이 나온다. 우리 엄마들이야말로 들쥐가 아닌 프레드릭처럼 내가 좋아하는 일을 하며 육아 에너지를 비축할 시간이 필요하다. 그때 충전해둔 에너지로, 사랑에 목마른 아이의 마음속 빈자리를 다시 꽉꽉 채워줄 수 있는 게 아닐까.

아이는 99% 엄마의 노력으로 완성된다는 말은 틀렸다. 엄마가 1% 변하면 아이는 99% 변한다. 아이를 위해서라도 먼저 엄마의 행복지수를 올려야 한다. 아이 책 한 권 살 때 엄마 책도 한 권 사고, 아이 요구르트 살 때 엄마 커피도 한잔 사자. 내가 내 스스로 행복 스위치를 켤 때 아이도 그 밝은 빛 속에서 환하게 빛날 수 있다.

책육아를 지속하게 하는
세 가지 힘 : 3R

억지로 하는 건 힘이 약하다. 남들이 좋다고 하니까 일단 시작하긴 했는데 아이도 엄마도 함께 커가면서 힘겨루기를 하다 보면 억지로 하다가 결국 손을 놓아버린다. '애 키우는 것만해도 힘든데 책까지 읽어줘야 해?', '책말고 더 좋은 게 있는데 책을 꼭 고집해야 할까?' 등 그만둘 핑계들이 자꾸 찾아온다. 그런 고비마다 마음을 다잡게 해준 건 세 가지 힘 덕분이었다.

믿어주기의 힘 : Respect
아이에게 선택권을 넘기자

첫째가 6개월이던 때 아이가 스스로 먹을 수 있도록 아이 주도 이유식, 즉 아이 스스로 무엇을, 얼마나, 어떻게 먹을지 결정하게 했다. 나는 옆에서 다양한 식재료를 제공하고, 먹다가 음식물이 목에 걸리지 않는지 지켜보는 일만 했다. 그 덕분인지 아이는 고사리나물 하나면 밥 한 그릇 뚝딱할 정도로 편식 없이 잘 먹는 아이로 성장했다.

먹는 것, 노는 것뿐만 아니라 책 읽기도 '아이 주도'가 필요하다. 책을 고르는 것부터 시작해서 어디서, 어떻게 읽을지 아이 스스로 결정하도록 해보자. 직접 고른 책은 내면의 욕구와 맞닿아 있는 경우가 많다. 아이는 본능적으로 자기에게 지금 필요한 책, 원하는 책을 고르고 그걸 읽음으로써 스트레스도 해소하고 스스로 마음도 다독인다. 책의 힘을 빌려 마음을 치유하는 독서 치료도 성인보다 아이들의 치료 효과가 더 높다고 한다. 아이들은 어른보다 이야기에 훨씬 잘 몰입하므로 책 속에서 느끼는 카타르시스도 크고, 등장인물에 감정 이입도 잘한다는 것이다.

동생이 생겼다는 사실을 알자마자 질투가 엄청났던 큰아이를 위해 도서관에서 동생과 관련된 책을 여러 권 빌려다 주었다. 엄마의 마음으로 내심『순이와 어린동생 쓰쓰이 요리코, 하야시 아키코/한림출판사』처럼 동생을 잘 보살펴주는 주인공이 나오는 책을 읽고 따라 하는 마음이 생기기를 바랐다. 그런데 아이는『쾅쾅따따 우탕이네 정지영, 정혜영/웅진주니어』,『얄미운 내 동생 이주혜/노란돼지』처럼 동생을 미워하고 약 올리는 주인공이 등장하는 책을 골라서 읽어달라고 했다. 그때 아이에게 필요한 것은 교훈을 주는 책이 아니라 자기와 비슷한 주인공을 통해 마음을 공감받을 수 있는 책이었던 것이다.

아이 주도 이유식을 할 때 먹는 것보다 흘리는 게 더 많은 아이를 보며 떠먹여주는 게 낫겠다고 생각한 적이 한두 번이 아니었다. 하지만 그 시기가 지나자 아이는 음식물을 입으로 넣는 방법을 스스로 터득해서 어떻게든 배를 채웠다. 아이가 고른 책이 성에 차지 않더라도 아이의 선택을 존중하고 기다려주자.

'너는 왜 맨날 같은 책만 보니?', '너 또 이런 책 골랐어?' 같은 말로 아이의 결정을 평가하는 대신, '이 책이 재밌나 보네. 벌써 스무 번은 읽은 것 같은데, 대단하다!' 처럼 아이의 행동을 구체적으로 칭찬해주자. 엄마의 격려로 아이는 자신감을 얻고 스스로 원하는 책을 고르고 읽는 독서가로 성장하게 된다.

다른 아이와 비교는 금물!

우리는 하루에도 열두 번 끊임없이 남과 비교한다. 아이가 생기면 그 비교 대상이 아이에게로 옮겨진다. '저 집 아이는 벌써 한글을 뗐다는데…', '벌써 저렇게 어려운 영어책을 본다는데…' 같은 비교를 시작하면 불안하기도 하고, 내가 지금 아이와 하는 방향이 맞나 혼란스럽기만 하다.

아기 때부터 책을 좋아하던 첫째에게 다른 건 몰라도 책 읽어주는 건 세수하고 양치하듯 꼬박꼬박해주었다. 그래서 내심 '책만 읽어줬는데 한글을 저절로 뗐어요!' 같은 말을 하게 될 거라고 기대했는지도 모르겠다. 다섯 살이 지나고 여섯 살이 되었는데도 한글을 떼지 못한 첫째를 보며 조바심이 났다. 영상만 보고 금방 한글도 떼고 천 단위 숫자도 센다는 또래 이야기를 들으면 책만 고집했던 내가 틀렸나 싶기도 했다.

　비교는 집 안에서도 이루어졌다. 일반적인 발달 기준보다 조금 느렸던 둘째를 보고 있으면 나도 모르게 첫째와 비교하는 마음이 들었다. '첫째는 이때 책 읽어달라고 엄청나게 들고 왔었는데…', '첫째 때는 지금쯤 글자 나오는 그림책을 보기 시작했었는데…'

　그런데 아이를 자세히 관찰해보니 느리긴 해도 집중력은 첫째보다 훨씬 뛰어났다. 책에 흥미가 없는 줄 알았는데 관심이 생기면 그 책을 몇 번이고 반복해서 봤다. 아이마다 싹을 틔우는 터가 다르고 시기가 다를 뿐이었다. 언제쯤 글자를 읽으려나 하던 첫째는 여섯 살 중반쯤 갑자기 동네 간판을 읽기 시작하더니 한글을 뗐다. 특별한 교재나 영상 없이 매일 책을 읽고 편지쓰기 놀이, 스무고개 놀이, 초성 맞추기 퀴즈를 하며 얻어낸 결과였다.

　아이마다 저마다의 속도가 다를 뿐 세상 모든 아이는 천재로 태어난다. 아이의 아웃풋이 보이지 않아 답답할 때는 '지금 인풋을 하는 중이구나!'라고 생각하자.

루틴의 힘 : Routine
매일 하는 것이 습관이 된다

수영을 배우러 간다고 몸이 바로 물에 뜨지는 않는다. 발차기와 호흡을 연습한 다음 비로소 물에 뜨는 법을 터득하면 그다음부터는 방법을 몰라도 저절로 헤엄을 칠 수가 있다. 몸이 반응하는 것이다. 자전거 타기는 또 어떤가. 두발자전거를 처음 배울 때는 누군가 뒤에서 잡아주고 몇 번 연습한 뒤에야 혼자서 균형을 잡을 수 있다. 균형을 잡은 다음부터는 스스로 페달을 밟고 자유자재로 달릴 수 있게 된다. 우리 아이의 책 읽기도 마찬가지다. 처음부터 책을 좋아하고 진득하게 보는 아이는 없다. 아이는 엄마, 아빠가 읽어주는 책을 보며 처음 '책'이란 것을 접한다. 다양한 책을 경험하면서 서서히 책과 친해지고 책 속 그림과 이야기에 퐁당 빠지게 된다. 책 한 권을 몰입해서 볼 수 있는 아이는 모르는 사이에 조금씩 두 권, 세 권으로 확장할 수 있는 읽기 근육을 기르고, 책 속 세상을 자유롭게 탐험하게 된다.

이렇게 몸이 저절로 반응하려면 어떻게 해야 할까? 습관이 될 때까지 반복할 수밖에 없다. 처음에는 억지로라도 시작해본다. 억지로라고 해서 우는 아이를 붙잡고 책을 읽히라는 말이 아니다. 아직은 책을 읽어줘야 하는 유아기 독서의 첫 스타트는 부모가 끊어줘야 한다는 뜻이다. 초보 엄마였던 나는 처음에 아이가 책을 좋아하는지도 모르고 실시간 장난감 대령을 안하면 불안했다. 그리고 잠투정이 너무 심한 아이 때문에 울며 겨자먹기로 책을 읽어주기 시작했었다. 그런데 지금 생각해보면 시작의 이유가 어쨌든 아이에게 책을 읽어줄 계기가 있음이, 그렇게라도 시작할 수 있었던 게 감사하다. '우리 아이는 책을 안 좋아하니까 억지로 읽히지 말아야지. 아이가 좋아할 때를 기다려야지.' 하다가는 아이가 다섯 살, 여섯 살이 될 때까지 기다려야 할지도 모른다. 하지만 그때는 책뿐만 아니라 또 다른 호기심 대상이 아이를 기다리고 있다. 책육아는 길게 봐야 한다. 한두 달 바짝 한다고 갑자기 책 잘 읽는 아이가 되는 일은 기적에 가까운 일이다. 일단 시작하고 꾸준히 유지하는 게 중요하다.

꾸준히 하기 위해서 가장 좋은 방법이 뭘까? 바로 루틴 만들기다. 밥 먹고 나서 양치하듯 자기 전에 책 읽는 루틴을 만들어보자. 자기 전이 힘들다면 편한 시간대를 고르면 된다. 같은 시간대에 책 읽기를 반복하다 보면 몸이 먼저 반응하는 경험을 하게 된다. 독서를 위해서도 그렇지만 생활습관을 위해서도 저녁 루틴은 세네 가지 정도는 꼭 정해두는 걸 추천한다. 나의 경우는 오후 7시 저녁 식사, 8시 30분 책 읽는 시간, 9시 취침으로 정해두고 웬만하면 꼭 지키려고 노력한다. 이렇게 예측 가능한 루틴을 정하는 것만으로도 아이는 자기 주도적으로 시간을 활용할 수 있고 엄마도 좀 여유 있게 저녁 시간을 보낼 수 있다.

루틴이 작은 성공을 만든다

어떤 성공도 처음 시작은 아주 미약하다. 나와 아이의 시작도 그랬다. 그저 집에 있는 책 한 권, 한 권을 읽어주다 보니 책을 봐도 도망가기 바쁘던 아이가 나중에는 먼저 책을 들고 왔다.

고백하건대 시간을 보내려고 책을 읽어줄 때도 있었고, 빨리 재우고 싶어서 책을 읽어준 적도 있었다. 그렇게 매일 책을 읽어주다 보니 책 읽는 일상이 자연스럽게 스며들었다. 하루에 책 한 권 읽어주기란 말은 간단하지만, 결코 쉽지 않다. 당장 내 몸이 피곤한데 입을 열고 목소리를 내야 한다는 게, 종일 아이와 또는 회사와 씨름하고 나서 책을 읽어주려고 품을 들인다는 게 사실 귀찮고도 참 고단한 일이다. 그냥 TV 리모컨의 전원 버튼 하나만 누르면, 유튜브를 켜고, 아이 손에 스마트폰을 잠시만 쥐여주면 몸과 마음이 편할 것 같은 달콤한 유혹을 뿌리치는 것도 쉬운 일은 아니다. 매일 반복되는 책 읽기가 익숙해지자 그 여정에 생기를 불어넣고 싶었다. 그래서 아이와 책을 읽으며 나름의 의미를 부여하기 시작했다.

"우와 오늘은 우리가 백 년 전 이야기를 두 개나 알게 됐네."

"이번 주에 우리가 영국 작가 책을 세 권이나 읽었으니 나중에 영국에 여행가도 낯설지 않겠는데!"

"어제는 건축 탐험 책을 읽더니 오늘은 멋진 성을 뚝딱 만들었네. 대단한데!"

그렇게 아이와 나, 우리만의 작은 결실을 계속해서 이뤄나갔다. 계속 의미를 붙여주니 모든 게 성공의 경험이 되었다. 그 경험은 아이에게 조금 어려운 책도 '한번 읽어보지 뭐~' 하는 도전 정신을 갖게 해주었고, 계속해서 책을 읽어나갈 시너지를 주었다.

아이의 책 읽는 모습을 사진으로 찍어서 출력하거나 아이가 만든 책 놀이 결과물을 집안 곳곳에 붙여놓으며 입이 마르게 칭찬해주는 것도 잊지 않았다.

현재를 즐기는 힘 : right now
빈둥거리는 시간을 확보해서 몰입을 경험하게 해주자

몇 시부터 몇 시까지는 독서 시간으로 정하고 이번 달에는 아이와 몇 권을 읽겠다는 거창한 목표는 오히려 아이를 책에서 멀어지게 한다. 독서 시간을 정하지 말고 확보하자. 자기 전 30분, 목욕하고 30분, 주말 아침 30분 등 오히려 아무것도 하지 않는 시간을 확보하는 게 편하다. 그 시간만큼은 TV, 스마트폰, 장난감을 멀리하자. 심심한 시간이 주어지면 아이는 자연스레 책을 꺼내 본다. 엄마가 먼저 책을 꺼내서 보는 것도 방법이다. 그러면 아이가 슬그머니 옆으로 다가와 같이 보자고 할 수도 있고, 자기가 원하는 책을 꺼내서 혼자 살펴볼 수도 있다. 이때가 기회다! 그 시간을 방해하지 말고 아이가 충분히 즐길 수 있도록 내버려 두자. 혼자서 탐색하는 아이는 그 아이대로 혼자 있을 시간을 주고, 책을 읽어달라고 하는 아이에게는 책을 읽어주며 하루 중 아이가 책에 온전히 빠질 수 있는 시간을 꼭 만들어보자.

혹시 집에 재밌는 책이 많은데도 아이가 안 본다면 책보다 재밌는 게 너무 많지는 않은지 살펴보자. 그것도 아니라면 이 책도 좋고, 저 책도 좋다며 너무 많은 책 정보를 아이에게 제공하고 있지는 않은지, 아이의 취향을 고려한 책을 골라주었는지 점검해보자. 아이에게 선택권을 넘겨주고 아이가 책을 고르고 싶을 때까지, 아이의 욕구가 차오를 때까지 충분히 기다려줄 필요도 있다. 몰입은 스스로 하려고 하는 자발성에서 비롯된다.

컴퓨터에서 화면을 다시 불러올 때 쓰는 용어에 '새로 고침'이라는 말이 있다. 언젠가부터 육아를 하면서 이 단어를 자주 꺼낸다. 밤이 되면 아이한테 소리 지르고 욱했던 일, 괜히 아이의 사소한 잘못을 꼬투리 잡아서 다그쳤던 미안한 마음을 다음 날 아침에는 새로 고침 하고 싹 지웠다. 그러면 다시 활기차게 아이들을 마주할 힘이 생겼고, 아이도 아무 일 없었다는 듯 밝게 하루를 시작할 수 있었다. 매일 새로 고침을 하면 우리에게 주어진 하루는 언제나 새로운 1일이 된다. 며칠 했다가 쉬어가도 괜찮다. 엄마의 체력이 고갈될 때도 있고 아이가 도무지 책에 관심을 주지 않을 때도 있겠지만 포기하지만 않으면 된다. 며칠이고 쉬고 또다시 시작하면 된다. 우리 아이에게 책을 읽어주기 가장 좋은 날도, 우리 아이가 책과 사랑에 빠지기 가장 좋은 날도 매일 새롭게 주어지는 바로 오늘이다.

책육아의 반대말은
사교육이 아니다

그렇게 커서인지는 몰라도 유난히 밥상머리 교육과 식습관에 예민한 편인 나는, 첫째에 이어 둘째까지 이유식을 만들어 먹였다. 다행히 아이들이 잘 먹어서 더 만들 기분이 났는지도 모르겠다. 그렇지만 첫째가 아프거나 내 몸이 죽겠을 땐 밥이고 뭐고 만들 여력이 없었다. 그래서 배달 이유식도 시켜보고 밖에서 죽도 사다 먹이고 이것저것 돌려막기로 아이 배를 채웠다. 그럴 때 누구 한 명이라도 '엄마가 손수 만들어야지. 그걸 사 먹이다니 너무하네.'라고 했던 사람이 있었을까? 아니다. 오히려 잘했다고 칭찬받은 적이 더 많다.

그런데 유독 교육에 있어서는 사교육을 시키면 극성 엄마지만, 엄마표를 한다고 하면 대단한 엄마로 칭송을 받는다. 엄마표 영어, 엄마표 놀이, 엄마표 책육아까지… 언제부턴가 엄마표가 아닌 것이 없을 정도로 모든 부분에서 엄마표를 해보라고 아우성이다. 촉감 놀이 재료를 찾다가 발견한 한 온라인 커뮤니티에서는 수학, 한자, 사회, 과학, 역사, 영어는 물론이고 한글 공부, 코딩까지 세부적인 영역으로 나누어 스터디가 진행되고 있었다. 아이들이 아니라 아이를 가르치기 위한 '엄마' 스터디였다. 아이들에게 각 영역별로 꼭 읽혀야 할 필독서를 정해두고 엄마는 각 과목의 선생님이 되어 스터디를 하는 것이었다. 그 열정적인 모습에 기가 눌려 얼른 그곳을 빠져나왔다.

책육아는 본래 정해진 뜻이 있지는 않다. 책을 중심으로 육아를 하는건 맞지만 책만으로 육아를 한다는 뜻은 아니다. 엄마표 책육아라는 말 역시 엄마와의 교감을 위해서 엄마가 책을 읽어주는 게 좋다는 뜻이지 집에서 엄마가 전 영역의 책을 활용해서 독후 활동을 하는 완벽한 책육아를 하라는 뜻은 아니다. 그런데 언젠가부터 엄마표라는 이름을 붙이려면 전지를 펼치고 물감 한통을 다 쓸 기세로 열정적인 미술 놀이 정도는 해줘야지, 공룡 책에서부터 지각 변화 책까지 연계된 책들을 쫙 깔아두고 베이킹 소다에 식초를 부으며 화산 폭발 실험 정도는 해줘야지 인정받는 분위기가 되어버렸다. 영역별 필독서와 전집으로 책장을 채운 뒤 관련 워크북을 풀며 개념을 익히고, 감탄사가 절로 나오는 책 놀이를 하는 사진을 볼때면 똥손인 엄마는 그만 쭈그리가 되고 만다. 실제로 사교육을 전혀 안하고 책과 엄마의 손품으로만 가르친다는 아름다운 이야기도 자세히 들여다보면 비싼 전집과 교구를 구비하느라 오히려 사교육보다 훨씬 더 많은 비용이 드는 경우도 있다.

나의 경우만 해도 아이와 도서관에서 책을 골라 읽기도 하지만 필요하면 책 대여 서비스나 놀이 키트를 제공하는 업체의 도움을 받는다. 아이가 싫어해서 시키지 못했지만 아이가 좋아했다면 구독해보고 싶은 학습지 프로그램도 있다. 엄마는 엄마가 잘 할 수 있는 일, 전문가는 전문가가 잘 할 수 있는 일이 따로 있다. 엄마보다 전문가가 더 잘하는 건 전문가에게 맡기자. 그 틈에 시간과 체력이 부족한 엄마는 잠깐 숨을 돌릴 기회를 가질 수도 있다. 사교육 하나 한다고 넘치는 아이의 창의성이 사라진다거나, 사교육 하나도 안한다고 재능을 발견할 수 있는 기회를 박탈당하는 건 아니다. 일희일비할 필요가 없다. 학원을 보내더라도 집에서 과정을 챙겨주고 아이의 반응을 살펴보아야 한다. 결국 아이가 가장 많은 시간을 보내고 영향을 받는 건 부모이고 집이라는 사실은 변함이 없다.

유아기는 그 어떤 때보다 편견 없이 순수하게 책을 볼 수 있는 유일한 시절이다. 유아기 독서는 공부가 아닌 재미로 접근해야 한다. 6세 미만 아이들의 사교육 부작용 중 가장 큰 원인은 다름 아닌 아이의 스트레스다. 독서든 사교육이든 아이에게 스트레스가 된다면 그것은 시간과 돈 모두를 낭비하는 셈이다. 과도한 사교육도 문제이지만 과도한 책 읽기도 문제다. 집집마다 모두 상황이 다르고, 아이마다 성향도 제각각이므로 각자의 상황과 여건에 맞게 하면 된다. 중요한 것은 답은 인터넷에 있거나 이웃집에 있지 않고 우리 아이에게 있다는 것이다.

도서관에 있다 보면 많은 아이들과 어머니들을 가까이에서 만나볼 수 있다. 그중에는 가정 보육을 하며 도서관에 거의 매일 와서 책을 읽는 집도 있고, 어린이집이 도서관 바로 옆이라 등하원 길에 늘 도서관을 들렸다 가는 집도 있다. 또 바쁜 워킹맘이라 주말에만 가끔 와서 책을 훑어보고 가는 경우도 있다. 나는 이들 모두가 책육아를 하고 있다고 생각한다. 도서관에 오지 못하더라도 언젠가는 가봐야지 하고 생각하는 잠재적 이용자들 역시 마찬가지다. 우리 아이에게 좋은 책을 보여주고 싶은 마음, 우리 아이가 커서도 늘 책과 가까이했으면 하는 마음을 가진 엄마들이야말로 누구보다도 책육아를 적극 실천하는 분들이 아닐까.

도서관 사용 설명서

1단계 마음열기 **도서관은 세상에서 가장 문턱이 낮은 곳이다**

Q. 아이가 시끄럽게 할까봐 도서관에 못 데리고 가겠어요.

A. 조용하게 가만히 있는 아이가 몇이나 될까요? 그래서 도서관에 어린이실이 따로 있는 거지요. 어린이실에 오는 분들도 대부분 아이를 키우는 엄마 아빠세요. 이해하고 말고요. 물론 다른 사람들에게 피해가 줄 정도면 곤란하겠지만요. 자유롭게 책을 읽어주고 책과 소곤소곤 대화를 나누어도 괜찮아요.

Q. 책 찾는 법도 잘 모르겠고, 어려워서 잘 안 가게 돼요.

A. 책 찾는 법이요? 몰라도 상관없어요. 아이들은 그거 몰라도 자기가 좋아하는 책을 귀신같이 찾아내더라고요. 책장을 둘러보다가 마음에 드는 책을 뽑았는데 의외로 꽤 괜찮은 책을 만날 확률이 더 높아요. 미로 같은 책장을 아이들과 숨바꼭질하듯 돌아보세요. 그래도 잘 모르겠다면 사서 선생님께 물어보세요. 궁금한 거 다 물어봐도 괜찮아요. 해치지 않아요.

Q. 책이 더러워서 선뜻 가기가 꺼려져요.

A. 도서관에 있는 책은 생각보다 더럽지 않아요. 저는 매일 그런 책 수십 권을 만져도 건강하답니다. 코로나19 이후로 도서관에서도 소독기를 사용해서 책을 더욱 철저히 소독하고 있어요. 직접 책 소독기에서 책을 넣어서 소독할 수도 있고요. 그래도 걱정된다면 볕 좋은 날 집에서 책을 널어놓고 알콜이나 소독 티슈로 한 번 더 닦아서 보세요. 정말로 찝찝하다면 새로 들어온 신착 도서 서가에서 새 책을 빌리는 방법도 있지요.

Q. 아이들이 도서관에 가면 재미없다고 해서 안 가게 돼요.

A. 도서관에서 책만 보고 가셨나요? 아이들에게 먼저 도서관이 친근하고 재밌는 곳이라는 긍정적인 인상을 심어주세요. 어떤 날은 도서관 휴게실에서 간식을 먹기만 해도 되고요. 어떤 날은 도서관 앞마당에서 즐겁게 놀기도 하고요. 어떤 날은 엄마 책만 빌리겠다고 해보세요. 책 안 보고, 안 빌리고 가도 괜찮아요. 우선 도서관과 친해지기가 먼저니까요.

〔2단계 이용하기〕 모두의 서재, 도서관에서 책 빌리는 법

1. 뭐부터 준비해야 되나요?

도서관 카드를 만들면 도서관 이용 절반은 성공! 처음 만들 때 조금 귀찮더라도 꼭 만들어두세요. 한 번 만들어두면 평생 공짜로 책을 볼 수 있는걸요. 카드 때문에 지갑 무거워질까 봐 또는 잃어버릴까 봐 걱정하지 마세요. 이제 모바일 회원 카드로 책을 빌리는 시대니까요.

2. 이런 카드는 어때요?

● **책이음 카드**

우선 카드 한 장으로 전국도서관 이용이 가능한 '책이음'이라는 카드가 있어요. 협약된 전국 공공도서관에서 책을 총 20권을 빌릴 수 있답니다.

※ 책이음 참여 도서관 조회 | books.nl.go.kr

● **서울 공공시설 회원증을 한눈에! 서울시민카드**

서울시에서 만든 모바일 카드로 서울시 도서관과 25개 자치구 도서관이 가입되어 있고, 미술관, 박물관을 비롯한 각종 문화 체육 시설과 공연, 전시, 영화도 할인받을 수 있어요. 특히 거주지 확인만 되면 도서관을 직접 가지 않아도 집에서 모바일 회원 카드를 만들고 바로 책을 빌릴 수 있어 편리해요!

3. 기본중의 기본, 이건 알고 가실게요!

- **가족 회원:** 우리 아이 영어 원서는 조금 골랐다 하면 금방 10권 되죠? 가족이 모두 가입하면 한 번에 책을 10권, 20권씩 빌릴 수 있어요.

  ※도서관별 규정 상이

- **예약 도서:** 내가 빌리려는 책을 누가 빌려갔다고요? 예약도서로 찜 해놓아요. 그 다음 순서는 바로 나!

- **희망 도서:** 어머 이 좋은 책이 도서관에 없다니! 도서관에서 신청하세요. 따끈따끈한 새 책이 바로 내 손으로 들어옵니다.

- **상호대차:** 우리 집 근처에는 작은 도서관밖에 없는데, 보고 싶은 책은 다면 도서관에만 있다고요? 슬퍼하지 마세요. 상호대차 서비스를 신청하면 멀리 있는 도서관 책도 바로 우리 집 옆 도서관으로 가져다 드려요.

- **무인 도서관:** 도서관까지 갈 시간이 없어도 걱정 마세요. 원하는 책을 집에서 가까운 지하철역으로 가져다 드립니다. 출근하면서 쓰윽 빌리고, 퇴근하면서 쓰윽 반납할 수도 있어요. 세상 편하지요?

- **책 배달:** 장애인과 어르신은 물론 임산부와 24개월 미만 영유아 가정 대상, 집으로 원하는 책을 배달해주는 서비스도 있어요. 도서관을 이용 못하는 사람 아무도 없게 해주세요.

4. 가장 빠르게 책 고를 수 있는 장소

- **북트럭:** 북트럭을 찾으세요. 북트럭이란 다 본 책을 올려놓는 수레 같은 곳인데요. 사람들이 나름 엄선해서 빌린 '방금 반납된 책'들의 집합소지요. 그러니 여기서 꽤 괜찮은 책, 몰랐던 책들을 만날 확률이 높아요! 시간은 없고 책은 빌리고 싶을 때 저도 늘 애용하는 곳이에요.

- **신착 도서 코너:** 새로 들어온 책은 깨끗하다는 점, 최근 트렌드가 반영된 책들이 많다는 점에서 일단 매력적이죠!

- **콜렉션전시 코너:** 시기에 따라 적기에 맞는 주제나 트렌드를 반영한 전시 도서는 도서관에서 나름 엄선한 책들을 전시한다는 점에서 눈여겨 볼만 하고요. 아이들도 더 흥미롭게 책을 골라볼 수 있어요.

- **데스크:** 내가 원하는 책을 사서선생님께 이야기해보세요. 특히 아이들과 함께 도서관에 간다면 기계보다는 선생님께 책을 빌리면서 인사도 하고, 이야기도 나눠보세요. 내가 읽고 싶은 새 책이 도서관에 언제 들어오는지 같은 꿀 정보는 사서 선생님이 앉아 있는 데스크에서 가장 먼저 새어나간 다는 사실을 기억하세요!

5. 가장 빠르게 책 찾는 법

첫째, 도서관 모바일 앱을 이용해보세요! 평소에 관심 가는 책이 있다면 바로 도서관 앱을 켜고 검색해볼까요? 도서관 오기 직전 책의 위치(청구기호)를 찍어두면 더 빠르게 찾을 수 있다는 사실!

둘째, 도서관은 KDC(십진 분류 표)를 사용해서 책을 총 10가지 주제로 나눠서 분류합니다. 찾고자 하는 책이 어떤 주제에 해당하는지 대충 알고 있으면 아이와 주제별 영역별 책을 탐색하기에 좋아요.

주제	영역별 책			
000 총류	백과사전류	도감, 사전		
100 철학	철학 동화			
200 종교	종교 동화	신화	탈무드	성경 이야기
300 사회 과학	경제 동화(320)	리더십 동화(331)	아기 그림책 (375.1)	옛이야기 (388.311)
400 자연 과학	자연 관찰 (★공룡 457)	과학 동화(408)		
500 기술 과학	환경 동화			
600 예술	음악, 명화	종이접기(634.9)		
700 언어	한글 관련 책	영어		
800 문학	우리나라 동화 (창작), 동시, 말놀이	외국 동화 (세계 명작)		
900 역사	역사 동화	세계 문화	지도, 지리	위인전

※ 도서관마다 자료 분류 기준은 조금씩 다를 수 있으나, 대게는 이 표에서 크게 다르지 않습니다. 도서관 서가 사이에서 길을 잃지 말고 우리 아이와 함께 보물 같은 책을 발견해보세요.

셋째, 종이책이 없다면? 전자책 도서관 이용해보세요. 보고 싶은 책이 종이책으로 없다면 전자책으로 이용하는 건 어떠세요? 보고나서 바로 반납할 수 있어 대출 권수에 제한 없는 전자책으로 빠르고 편리하게 책을 이용하세요. 홈페이지 회원 가입 필수!

> **TIP.** ☞ **추천하는 전자도서관** · 경기사이버도서관 | www.library.kr
>
> · 서울시교육청 전자도서관 | e-lib.sen.go.kr

3단계 응용하기 우리 가족의 성장 배움터

1. 가족 독서 문화 만들기

아이들은 책과의 경험이 풍부할수록 독서를 어려워하지 않아요. 주말에는 아빠와 함께 도서관을 산책하며 책을 빌리는 것으로 시작해봐도 좋고요. 도서관에 자주 가는 게 어렵다면 아이들이 좋아할만한 나들이 장소를 근처 도서관과 묶어서 여행 계획을 세워보는 것도 좋겠지요? 아이는 엄마 아빠의 책을 어깨 너머로 보며 책에 더 관심을 가지게 됩니다. 가족이 함께 책을 볼 수 있는 가장 쉽고 간편한 방법, 도서관에 함께 가기입니다. 도서관협회에서는 매년 모범적으로 책을 읽은 가족을 대상으로 '책 읽는 가족'을 선정해 시상한답니다.

2. 도서관 강좌, 아는 만큼 보인다

"도서관에서 하는 강좌가 그렇게 좋다면서요?"
요즘 같은 언택트 시대에는 전국 각지에 있는 도서관 강좌도 우리 집 방구석에서 편안하게 들을 수 있어요. 거기다 무료에요. 우리가 몰라서 못 듣지 열정이 부족한가요!

엄마와 아기가 함께 참여하는 책 놀이 프로그램, 그림책 읽으며 체험하는 프로그램, 언니 오빠들이 영어책 읽어주는 프로그램, 작가와의 만남, 그림책 원화 전시 등 아이 때부터 참여할 수 있는 도서관 강좌나 행사가 마련되어 있어요. 무언가 시작하고 싶을 때, 내가 어떤 것에 관심이 있는지 궁금할 때는 도서관 서가 사이를 여행해보세요. 새로운 배움에 대한 갈증이 느껴질 때도 도서관 프로그램을 찾아보세요. 인문학 프로그램부터 부모 교육, 자격증 강좌, 동아리까지 없는 게 없지요. 거기다 무료이고요. 도서관은 누구에게나 나만의 속도와 방식으로 정보를 수집하고 쌓아갈 수 있는 최고의 장소가 되어줍니다.

TIP. **이때를 주목하세요!**

도서관 행사와 프로그램의 성수기! 이 시기에는 보다 풍성한 프로그램들이 마련됩니다. 자, 이 때 필요한건 뭐? 부지런함과 스피드! 도서관 홈페이지 공지 사항을 수시로 들여다보다가 마음에 드는 프로그램이 있다면 빠르게 신청하세요.

- 4월 23일 | 세계 책의 날 기념
- 5월 | 가정의 달(어린이날) 기념
- 8월 | 여름방학
- 9월 | 독서의 달 기념
- 12월 | 겨울방학, 연말

사서 엄마가
알려주는
집콕 책육아

초판 1 쇄 인쇄 2021년 10월 27일
초판 1 쇄 발행 2021년 11월 15일

지은이 이승연
펴낸이 정용수

사업총괄 장충상 본부장 윤석오
디자인 김지혜 *Desig* 신정난
영업·마케팅 정경민
제작 김동명 관리 윤지연

펴낸곳 ㈜예문아카이브
출판등록 2016년 8월 8일 제2016-000240호
주소 서울시 마포구 동교로18길 10 2층(서교동 465-4)
문의전화 02-2038-3372 주문전화 031-955-0550 팩스 031-955-0660
이메일 archive.rights@gmail.com 홈페이지 ymarchive.com
블로그 blog.naver.com/yeamoonsa3 인스타그램 yeamoon.arv

이승연 © 2021
ISBN 979-11-6386-081-5 (03590)

㈜예문아카이브는 도서출판 예문사의 단행본 전문 출판 자회사입니다.
널리 이롭고 가치 있는 지식을 기록하겠습니다.
저작권법에 의하여 한국 내에서 보호를 받는 저작물이므로 무단 전재 및 복제를 금합니다.
이 책 내용의 전부 또는 일부를 이용하려면 반드시 저작권자와 ㈜예문아카이브의 서면 동의를 받아야 합니다.

* 책값은 뒤표지에 있습니다. 잘못 만들어진 책은 구입하신 곳에서 바꿔드립니다.